U0260830

你不懂精油3：日常养护与亚健康调理

姚俞先 著

江苏凤凰科学技术出版社
·南京·

图书在版编目（CIP）数据

你不懂精油. 3，日常养护与亚健康调理 / 姚俞先著
. -- 南京 : 江苏凤凰科学技术出版社，2021.6
ISBN 978-7-5713-1839-0

Ⅰ. ①你… Ⅱ. ①姚… Ⅲ. ①香精油 - 基本知识
Ⅳ. ① TQ654

中国版本图书馆 CIP 数据核字 (2021) 第 053503 号

你不懂精油 3：日常养护与亚健康调理

著　　者　姚俞先
责任编辑　庞啸虎　倪　敏
责任校对　仲　敏
责任监制　刘文洋

出版发行　江苏凤凰科学技术出版社
出版社地址　南京市湖南路 1 号 A 楼，邮编 210009
出版社网址　http://www.pspress.cn
印　　刷　佛山市华禹彩印有限公司

开　　本　718 mm × 1 000 mm　1/16
印　　张　10.75
字　　数　140 000
版　　次　2021 年 6 月第 1 版
印　　次　2021 年 6 月第 1 次印刷

标准书号　ISBN 978-7-5713-1839-0
定　　价　49.80 元

自序

感谢读者的厚爱，让《你不懂精油 3：日常养护与亚健康调理》在继本系列的前两本书之后，可以顺利出版与大家见面。

本书是《你不懂精油 2：全图解精油进阶》的延续。《你不懂精油 2：全图解精油进阶》是以精油中常见的芳香分子为纲来描述精油化学的知识，《你不懂精油 3：日常养护与亚健康调理》是对同一部分知识的描述，但我们将它更加生活化和场景化。比如《你不懂精油 2：全图解精油进阶》在说到单萜烯的时候，将它分为柠檬烯、对伞花烃、松油萜等分别进行介绍，这种横向介绍使得它更像一部工具书或一本词典，而《你不懂精油 3：日常养护与亚健康调理》则从纵向角度展开，细分了日常生活中精油的使用场景。比如在熬夜的时候，为了清理肝脏毒素，该用什么芳香分子，以及其代表精油。再如女性内分泌失调的时候，可以用什么芳香分子，以及其代表精油……

我们借由这两本书从不同角度来描述芳香分子，希望帮助读者更加透彻地掌握和理解这部分知识。毕竟化学是一门人类在科学的基础上已经掌握的确切语言，用它可以描述人类对芳香分子和精油这种神秘力量的认知。而从生活场景的角度来描述芳香分子和精油，则更贴近我们的日常，帮助我们认识到这些芳香分子不仅仅是化学成分，它们也可以切实地解决生活中的一些问题，是我们提升生活质量的好帮手。

相比上一本书，这本书有一个特别之处，就是在每个主题中都会加入我多年来通过不断实践对这些芳香分子及精油的独到理解，希望帮助读者在使用精油时有更深入和透彻的了解。

我非常期待通过这两本书不同角度的阐释，能够让您对芳香化学所描述的精油知识体系越来越清晰，从而能够越来越熟练地从科学的角度使用芳香分子和精油。

需要澄清的是，本系列书名"你不懂精油"并非我对您说的，而是我对自己说的。因为植物的力量如此神秘，即使是对芳香疗法再有研究的人，他所了解到的也只是一小部分，所以我希望用这句话来提醒自己时刻虚心，继续探索植物无穷的可能性。

虽然我竭力希望给予读者最好的呈现，但由于水平有限，书中难免会有错误或遗漏之处，恳请读者批评指正！

2021.4.6

第1章 精油养护身体各系统

第2章 精油解除各种健康烦恼

第3章 精油让心灵得到释放

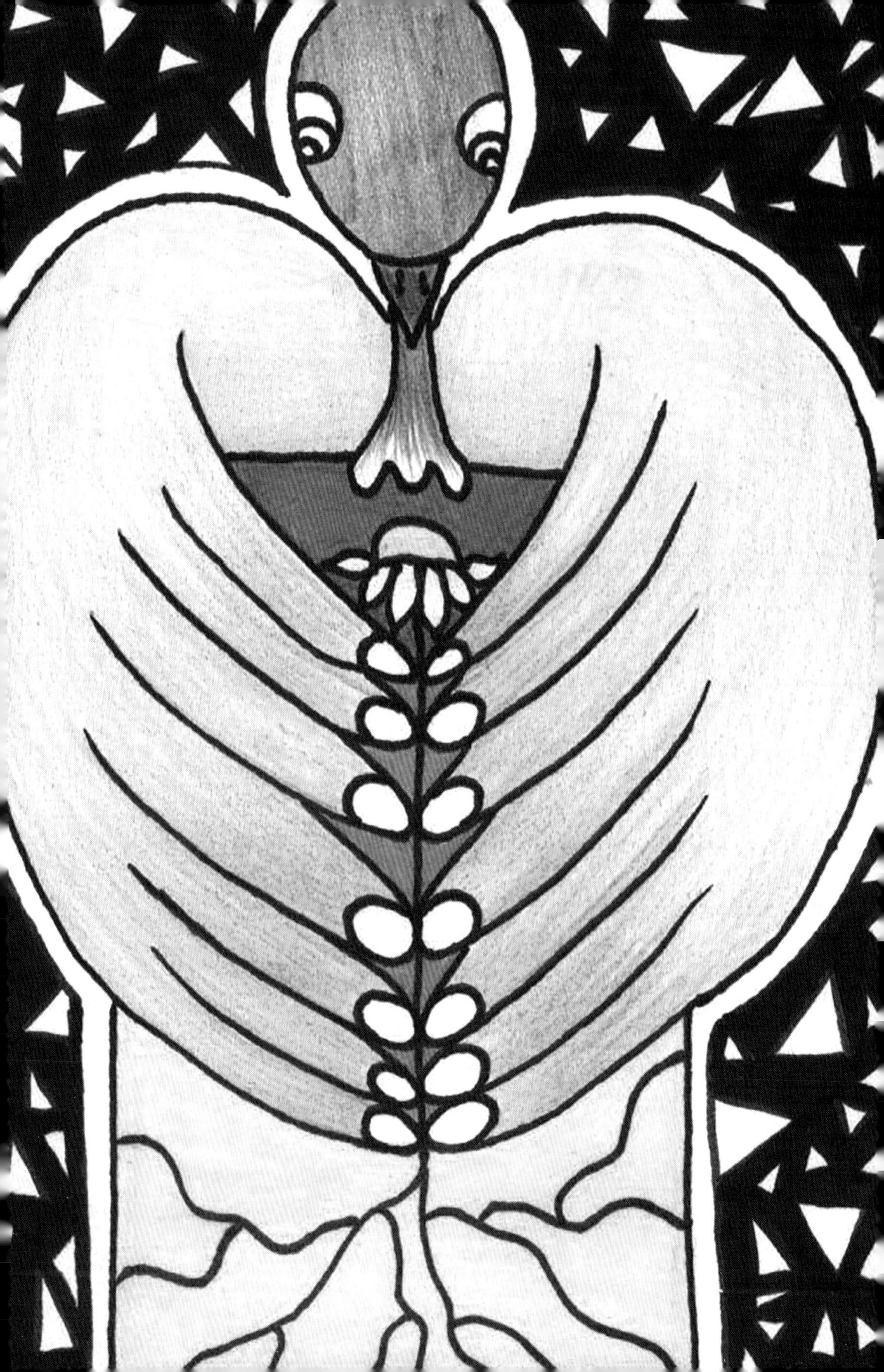

第1章

精油养护身体各系统

助肝排毒

肝脏的五大生理功效

人的身体是非常有智慧的，不仅仅体现在头脑方面，身体的其他部位也很有智慧。

身体知道哪一个部分是最重要的，对于肝脏尤其偏爱。我们都知道人的胃被切掉一块之后，把它缝起来，它还会慢慢再长起来，但是不能切掉太多，否则是复原不了的。然而肝脏就不同，即使把它切掉百分之八十，剩下的百分之二十仍会慢慢地长回原状，这真是个奇迹。

身体的智慧就体现在它知道肝脏太重要了，绝对不能失去，因此即使只剩百分之二十，它仍然能长回来。而且肝脏本身也是有智慧的，当它长回原状时，就不再生长了。

第一大功能：解毒

毒不仅指我们所吃食物中包含的毒素，还包括酒、药物等。这些毒素都需要由肝脏来分解。

第二大功能：代谢

胃、小肠和大肠起到消化和吸收的作用，但是要想营养物质更好地被身体吸收，还需要经过肝脏的分解和再合成的过程，也就是代谢作用。如果肝脏功能不好，身体吸收养分也会不充足。

第三大功能：消化

俗话说“肝胆相照”，但胆汁不是由胆分泌出来的，而是由肝脏分泌出来的。肝脏分泌出胆汁，储存在胆囊中，然后在需要消化食物时，胆囊再把胆汁传送到小肠里。

第四大功能：储血

肝脏的造血功能在儿童期非常重要。但是当人成年之后，肝脏就侧重于储血了。肝脏的体积非常大，流经它的血液特别多。因此，它本身就存有大量的血，当其他器官失血过多，需要救助的时候，肝脏就会把自己的血分配给其他器官。

第五大功能：免疫

肝脏也是一个免疫器官，如果它被感染了，后果会非常严重。不过，肝脏的免疫系统非常强大，而且它有一种其他器官没有的特殊免疫细胞，从而使它的功能超越了其他器官。肝脏如果没有问题，而人体别处需要救助的时候，它也会派出一部分免疫细胞前去救助。

肝脏和皮肤的关系

人的皮肤就像是身体的信号兵。身体虽然有智慧，但是不能开口讲话，身体出了什么状况，就会从皮肤显露出来。

我们平常吃火锅、吃辣多了，第二天会冒痘，就是身体在跟你说：你吃了这么多，我不爽了。因此，皮肤的问题只在皮肤上面下功夫是不够的，就好比两国交战，你杀了来使，但敌国还在，敌国军队还在，他们还会再来，你只是暂时眼不见心不烦而已。

肝脏不好，表现在皮肤上就是发黄，更严重的则会起斑。很多人晚上睡不好觉，第二天皮肤容易黄，出现黑眼圈，就是因为肝脏出了问题。另外，患有肝炎的人，脸色大都是蜡黄的，这是因为肝脏的解毒功能减弱，而使身体毒素积聚过多。这个时候通过皮肤颜色变化，能提醒大家对肝脏加以关注。

能改善肝脏功能的精油

肝脏出了问题，必须好好休息，让肝脏恢复功能，同时也可以使用精油来调养。

改善肝脏健康，首选的精油是柠檬、莱姆等芸香科植物精油。

能改善肝脏的芳香分子有四类。第一类是单萜烯中的柠檬烯。它可以补气，而且侧重补肝气。几乎所有芸香科植物的精油都含有柠檬烯。常见的有橘子精油、甜橙精油、佛手柑精油、葡萄柚精油等。用法是将其浓度稀释到 3%~5% 后涂抹肝脏所对应的体表部位。

需要注意的是，这类精油都有光敏性。当然，涂在上述部位通常不会直接见光，因此不用担心。

第二类是马鞭草酮。这种分子可以激励肝细胞再生，所以也可以养肝。

含有马鞭草酮的精油主要是马鞭草酮迷迭香精油，用法也是将其浓度稀释到 3%~5% 后涂抹肝脏所对应的体表部位。

第三类是甲基醚蒌叶酚。它对肝炎病毒的杀灭作用比较明显。含有甲基醚蒌叶酚的精油主要是热带罗勒精油。

第四类是呋喃内酯。它有养护肝脏的作用。含有呋喃内酯的精油有圆叶当归精油和芹菜精油。藏茴香精油、莳萝精油也含有呋喃内酯，但是含量没有前两种精油那么高。

一般来说，使用精油之后，肝脏功能增强了，皮肤会慢慢变得红润有光泽。如果皮肤有斑，改善过程可能会慢一些，因为斑可能反映了更严重的肝脏问题。

保护心血管

人体之中最核心的器官，非心莫属。心不仅在生理上是生命的动力源头，在精神和能量方面也是源头。

中医讲："心者，君主之官，神明出焉。"就是说心里面是藏着"神"的。每个人都有"神明"存在身体里面，这个"神明"会给身体源源不断地输送能量，人才能活下去。

荷兰的 Hans 老师非常重视心的力量。他说人有脑有心，当脑有一个主意，而心有另一个主意时，你是听心的还是听脑的？当你听脑的时候，那你的人生可能会比较有压力，会比较难以活出自己；但是当你听心的时候，你会感受到心对你的全部的爱和无条件的支持。你做得不好的时候，你的脑会批判你，你的思想会责怪你，但是你的心会无条件地支持你，你听不听它的，你做得对或不对，它都会无条件地支持你。

当人把意识焦点放在心上的时候，就能渐渐地感受到那种自由的生命存在的状态。

因为心是在当下的，是不陷于时间的洪流之中的，它不在思想的局限之中，而是超越思想之外。因此你会发现，当你用心去做一件事而不是用思想、用头脑去做一件事的时候，你就会更有创造力，会更兴奋。这种创造力是怎么来的呢？就是从你心中的“神明”所在之处来的。

在精油世界里，有几种能够对心起到影响的芳香分子。

广藿香醇

广藿香醇属于倍半萜醇，它在表达倍半萜醇“杀”的方向上的力量是抗心绞痛；在表达调节免疫力方向，它的作用是降血压和抗心律失常。

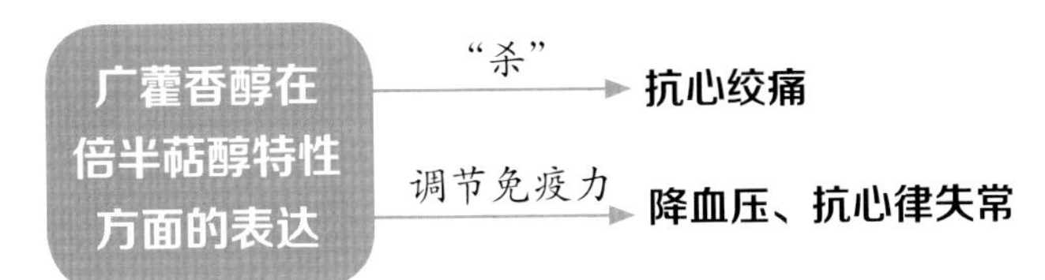

广藿香醇的关键词是心，它能让心变得和谐。所谓抗心绞痛、抗心律失常，就是心跳得太快或太慢时，用广藿香醇可以纠正这种情况。同时它也可以降血压。如果我们要调配养心的精油，就可以将广藿香作为主成分。

广藿香的能量像大地的能量，因为心和大地是连在一起的——心的频率和地球的频率是在一起和谐共振的。广藿香精油所具备的正是深沉的大地的滋养力量。

含有广藿香醇的精油有广藿香精油和穗甘松精油。

檀香醇

还有一种倍半萜醇也跟心有关，它就是檀香醇。含有檀香醇的精油是檀香精油。

檀香醇在表达倍半萜醇补肾暖身这个方向上的力量是利肾，在表达倍半萜醇调节免疫力方向上的力量主要是滋养心脏，在表达倍半萜醇“杀”

的方向上的力量是消除血管和黏膜的炎症。

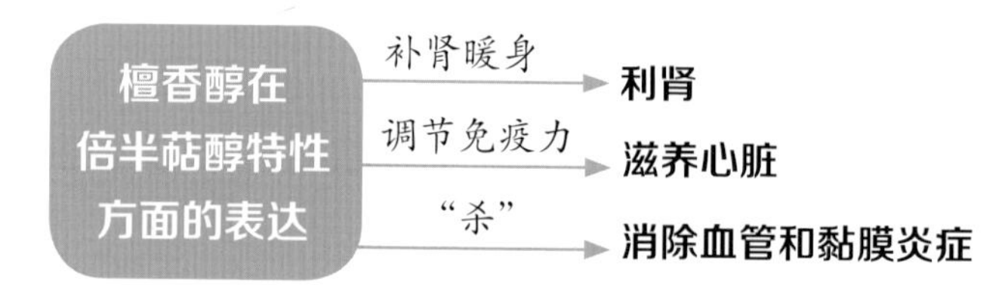

肾是血管和黏膜密集存在的一个器官，檀香醇可以为血管和黏膜消炎，因此它既可以利肾，又可以滋养心脏。中医说心肾一体两面，即同一种植物既可以滋养心脏又可以利肾，这里就很好地体现了出来。

檀香精油在生理上可以滋养心脏，在心理和精神上可以提升人的精神意识状态。其实，滋养心脏和提升人的精神意识状态也是同一个方向的。

缬草酮

◀ 滋养心脏，就会结出健康果实

缬草酮是倍半萜酮的一种。倍半萜酮有镇静、消解黏液、促进细胞新生的作用。它在表达倍半萜酮镇静方向上的力量是抗沮丧和抗心律失常。

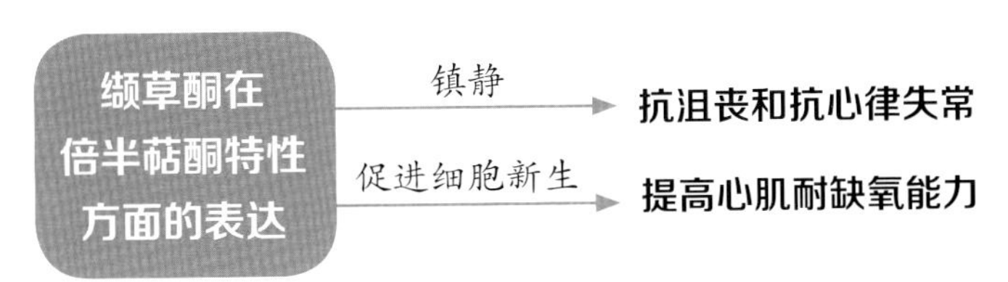

心律失常可能是生理原因所致，也可能是精神原因所致。广藿香醇能抗心绞痛和抗心律失常，因此它更偏向于抗生理因素所致的心律失常；缬草酮能抗沮丧和抗心律失常，因此它更偏向于抗心理原因所致的心律失常。

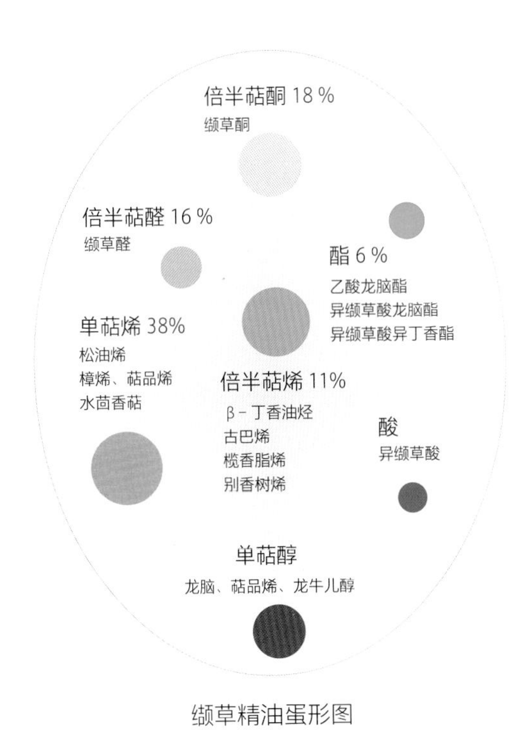

缬草精油蛋形图

我们从上面的蛋形图也可以发现，倍半萜酮位于蛋形图的上半部分，单萜醇位于下半部分，上面更贴近心理和精神，下面更贴近生理，这和它们擅长抗哪一种心律失常是一致的。

缬草酮在表达倍半萜酮促进细胞新生方向上的力量是提升心肌耐缺氧能力。用缬草酮精油可以让人在心肌缺氧时能坚持更长时间。这个作用使用的场景可能不多，但如果真到了那一步，它是可以起到一定效果的。

含有缬草酮的精油是缬草精油和穗甘松精油，它们的气味都很臭。缬草是酱臭，穗甘松是酸臭，但是这两种臭却能带给人一种幸福感和安全感，尤其有那种心落地的踏实感。

我们前面讲广藿香醇的时候提到穗甘松精油，这里讲缬草酮也有它。广藿香醇可以抗偏于生理原因的心律失常，缬草酮可以抗偏于心理原因的心律失常，因此穗甘松精油能够抗各种原因导致的心律失常。

广藿香醇、缬草酮和檀香醇都是倍半萜类，倍半萜烯位于蛋形图的中间区域，表达的是一种内心的力量，或者说是精神的力量。这些和心有关的芳香分子有很多都是和内心或精神世界有关的。这也从侧面验证了心并不只是一个器官，也不只是一个“泵”，而是在精神层面和能量层面有更深的含义——它是身体的中心、生命的中心和生命力的源头。

心是存神之处，当你把关注点从脑转移到心的时候，你的世界就被打开了。

香草素

香草素是芳香醛的一种，芳香醛可以滋补、抗感染、助消化和止痛。

香草素在芳香醛滋补方向上的特殊表达是强心，在抗感染、助消化方向上的特殊表达是补肾，提升肾血管的弹性，在止痛方面是安抚镇静。

香草素的这几个特性看起来好像比较乱，似乎与心、肾、膀胱、脑部放电都有关系，但这恰恰印证了中医说的心肾相交理论。

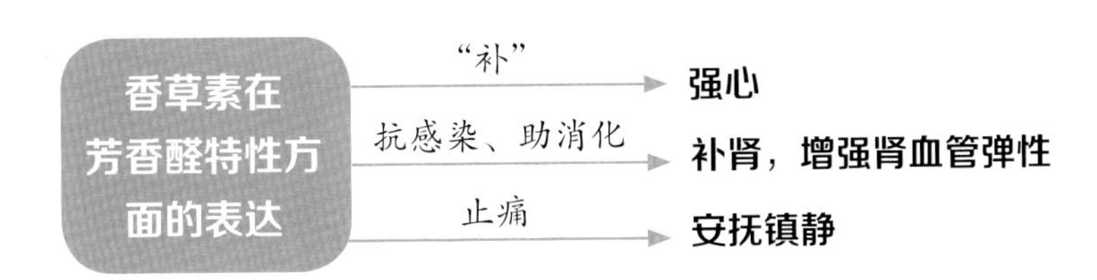

含有香草素的精油有香草精油、安息香精油和秘鲁香脂精油。其中，安息香精油和秘鲁香脂精油更擅长强心，香草精油是强心、补肾都擅长。

龙脑和乙酸龙脑酯

龙脑属于单萜醇，它在表达单萜醇补肾暖身方向上的力量是强心肺和提升供血能力。含有龙脑醇的精油有龙脑百里香精油、土木香精油、阿密茴精油和道格拉斯冷杉精油。

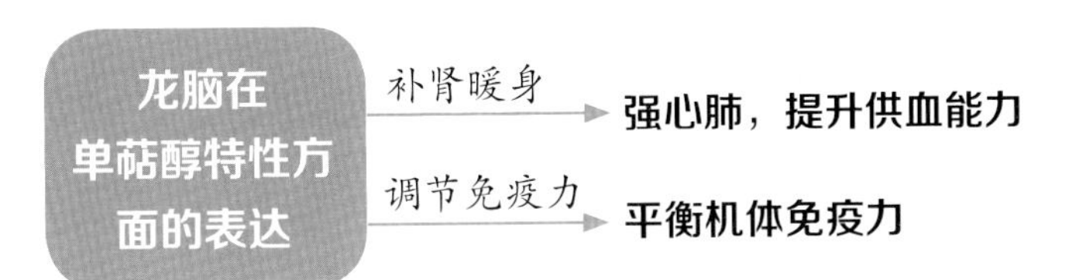

龙脑是一种有急救功效的芳香分子，它有很好的强心肺作用。另外，土木香精油、阿密茴精油也都是急救用精油。阿密茴精油的关键词是心，它更强烈地表达了龙脑在心这个方向上的力量。在人发生心肌梗死时，如果没有硝酸甘油，可以将龙脑醇滴在舌下，有助于心复苏。

龙脑的关键词是强心，土木香也能强心，但是土木香的关键词是肺。在强心肺这个方向上，土木香精油更擅长于肺的急救；道格拉斯冷杉精油则有很好的提升心肺功能的作用。

龙脑百里香也含有龙脑，它的专长是壮阳。

乙酸龙脑酯是由龙脑与乙酸化合而成的酯。酯在哪个方向上起作用，

肺强会变大树，心强会变太阳

要看生成它的醇，由于龙脑的力量主要作用于心肺区，因此乙酸龙脑酯安抚的是心肺区。含有乙酸龙脑酯的精油有胶冷杉精油、黑云杉精油、西伯利亚冷杉精油、土木香精油和阿密茴精油。

这里我们又看到了土木香精油和阿密茴精油，它们既含有龙脑，又含有乙酸龙脑酯，所以它们在安抚心肺区的同时，又可以强心肺。

中医里面有一味药是黄连加干姜，常用于心肺复苏。干姜是热性的，黄连是寒性的，寒热看似矛盾，却可以把心肺激活。阿密茴和土木香既激励又安抚的矛盾搭配与黄连加干姜很像。

胶冷杉精油擅长日常保养呼吸系统，黑云杉精油擅长提升体力。但由于它们都含有乙酸龙脑酯，因此又都可以安抚心肺区。

橙花醇、乙酸橙花酯

橙花醇也是一种单萜醇，它在表达单萜醇补肾暖身方向上的力量是提升吸引力，在表达调节免疫力方向上的力量是抗抑郁。因此，橙花醇的关键词是温婉。

含有橙花醇的精油有大马士革玫瑰精油、香蜂草精油和印蒿精油。

乙酸橙花酯是由橙花醇和乙酸化合而成，乙酸橙花酯的安抚方向取决于橙花醇，橙花醇的力量更偏于心理情绪方向，因此乙酸橙花酯安抚的也是心，其关键词也是心。

把忧伤变成花朵送给心，世界就会出现彩虹

乙酸橙花酯安抚心的作用和乙酸龙脑酯安抚心的作用不同，乙酸龙脑酯的力量更偏生理性，因此它安抚的是心的生理层面，乙酸橙花酯安抚的是心的心理层面。比如含有乙酸橙花酯的永久花精油可以治疗过往的心伤，香蜂草精油可以让你把过去憋在心里说不出来的话说出来，而橙花精油和柠檬马鞭草精油则偏于心理方面的安抚。

因为有安抚心的作用，所以乙酸橙花酯和乙酸龙脑酯都能降血压，但是它们降血压各有侧重，乙酸橙花酯更偏于降由于心理情绪因素而造成的血压升高。

乙酸橙花酯和乙酸龙脑酯都可以安抚心脏，但是它们安抚的方向却完全不同。当我们看到一个芳香分子的来龙去脉时，就更能了解为什么它们的作用方向是不一样的了。因此，我们在调配精油的时候如果用乙酸橙花酯作为主成分，就可以加上一些橙花醇为副将，虽然橙花醇不属于酯类，但是它是生成乙酸橙花酯的成分，它在安抚心理情绪这个方向上可以助乙酸橙花酯一臂之力。另外像土木香精油和阿密茴精油，既有乙酸龙脑酯，又有龙脑这种单萜醇，使它天然可以成为一种不经调配就能用的辅助药物。

舒缓扩张血管的芳香分子

血管越软的时候，心在泵血时越畅快，血液循环越好。有些芳香分子能够舒缓和扩张血管，帮心减少负担。

能舒缓和扩张血管的芳香分子有薄荷脑、水杨酸甲酯、藁本内酯、香豆素。

薄荷脑

薄荷脑是一种单萜醇，它除了能扩张血管，还可以提升微血管的循环。

含有薄荷脑的精油有胡椒薄荷精油、绿薄荷精油和波旁天竺葵精油。

从化学成分看，薄荷脑促循环主要是促进微血管循环，因此，绿薄荷精油和波旁天竺葵精油都可以供高血压病患者使用。

水杨酸甲酯

乙酸橙花醇和乙酸龙脑酯都是由含两个碳原子的酸——乙酸和醇化合成的酯，因此它们的安抚力不强。水杨酸甲酯是由含七个碳原子的酸化合成的酯（常见的由含七个碳原子的酸化合成的酯只有苯甲酸苄酯、水杨酸甲酯和邻氨基苯甲酸甲酯），因此它的安抚力极强。水杨酸甲酯在苯基酯的安抚抗痉挛方向上的作用是扩张血管、抗凝血和抗血栓，其关键词是血。

含有水杨酸甲酯的精油有白珠树精油、黄桦精油和晚香玉精油。

藁本内酯

在内酯里有一种内酯叫呋喃内酯（圆叶当归就含有呋喃内酯）。呋喃内酯分为瑟丹内酯和藁本内酯。瑟丹内酯的关键词是镇静，藁本内酯的关键词是舒缓。藁本内酯在表达内酯安抚抗痉挛方向上的作用是可以止痛，尤其是止内脏的痛，还可以扩张血管、抗平滑肌痉挛。

含有藁本内酯的精油有莳萝精油、当归精油和藏茴香精油。

香豆素

香豆素也是内酯的一种，它的关键词是安抚，在表达内酯安抚抗痉挛方向上的作用是降低中枢神经反射的兴奋性和抗心血管、气管、胆管、尿管的痉挛；在表达内酯解毒方向上的独特表现是抗凝血、降血压和退热；在表达内酯消炎抗菌方向上的力量主要作用于肝和肾。

含有香豆素的精油有零陵香豆精油、中国肉桂精油和葡萄柚精油。

让胆汁分泌顺畅

胆的生理作用

很多人会认为胆是分泌胆汁的，其实不是，胆汁是由肝脏分泌的，分泌出来后会存在胆囊里。当消化过程需要胆汁的时候，胆就会把胆汁传送到小肠里帮助消化。

与胆直接相关的芳香分子

在芳疗理论中和胆直接相关的芳香分子并不多，这也可能是胆出问题的概率相对比较小，因为它就是一个“袋子”，结构比较简单。但是它仍然可能出一些问题，如胆囊炎、胆结石就比较常见。

龙脑

适合胆的精油，我首先想到的一种芳香分子是龙脑，也有人把它叫龙脑醇，因为它也是一种单萜醇，在表达单萜醇补肾暖身及促进循环方面的特殊表现是利胆强心。单萜醇有较强的杀菌消炎作用，加上龙脑又可以利胆，因此当胆囊感染的时候就可以用含有龙脑的精油，如百里香精油、土木香精油、阿密茴精油、道格拉斯冷杉精油等。

薄荷酮

在单萜酮中有一类分子叫薄荷酮，它可以促进胆汁分泌，这是薄荷酮在表达单萜酮助消化方面的特殊表现。含有薄荷酮的精油有胡椒薄荷精油。

单萜醛

另一种对胆有益的分子是单萜醛。单萜醛有七种作用，其中一种就是消解结石，尤其擅长消解尿道结石和胆结石，包括胆囊结石和胆管结石。含有单萜醛的精油有香蜂草精油、柠檬马鞭草精油、柠檬草精油、香茅精油、柠檬尤加利精油和柠檬细籽精油。

倍半萜内酯、香豆素

在内酯类的芳香分子中，跟胆有关的有两种。一种是倍半萜内酯，常见的有土木香内酯、堆心菊素和蓍草素。倍半萜内酯可以养肝利胆。另一种是香豆素，它的关键词是安抚，能够缓解心血管和气管痉挛，也可以抗胆管和尿道痉挛。

因此，在患胆结石时可以用单萜醛类精油先消解结石，然后再用香豆素类精油安抚胆管，让胆管放松下来，再扩充胆管，如此一来，消解成小块的结石就更容易排出去。

含有香豆素的精油有零陵香豆精油、中国肉桂精油和葡萄柚精油。

大马士革酮

另外一种不常提到的对胆有作用的芳香分子是大马士革酮，它是倍半萜酮的一种。含有大马士革酮的精油有玫瑰精油。大马士革酮除了表达倍半萜酮四个方向上的疗愈力量，还有一种特殊的疗愈力——利胆和强化血管壁。大马士革酮的利胆功效并没有指明是利哪个方面，我们可以把它理解成整体提升胆的健康状况。

肝肾与胆的关系

中医认为，脏腑互为表里，它们在生理功能上有密切联系。我们在使用精油调理胆时，也要注意照顾到相关脏腑。下面简要说一说和胆关联比较密切的肝和肾。

肝与胆

肝胆相照，胆属于腑，肝属于脏，它们互为表里。肝分泌胆汁不好的时候，胆就容易出问题。因此，在治疗胆的问题时也可以从肝入手，肝健康了，胆才会健康。

在调理肝胆方面，有一种很有意思的精油，叫胡椒薄荷精油。前面我们说到单萜酮中的薄荷酮，含有薄荷酮的就有胡椒薄荷精油，薄荷酮可以促进胆汁的分泌。在胡椒薄荷精油里还有另外一种芳香分子叫薄荷脑，它是单萜醇的一部分，在表达单萜醇补肾暖身这个方向上的力量是养肝。

胡椒薄荷既有养肝的薄荷脑，又有可以促进胆汁分泌的薄荷酮，利肝又利胆，这也符合中医肝胆同调的原理。

肾与胆

中医讲肝生心，心生脾，脾生肺，肺生肾，肾生肝。肾生肝，肝又和胆相照，当肾强的时候肝胆就会变强，因此解决胆的问题的另一个思路就是强肾。

在这方面有一种很好的芳香分子，它就是香豆素。香豆素的关键词是安抚，它在表达内酯安抚抗痉挛方向上的作用是放松和扩张胆管，在表达内酯消炎抗菌方向上的作用是提升肝和肾的力量。因此，香豆素用于肝、胆、肾的调理是非常合适的。

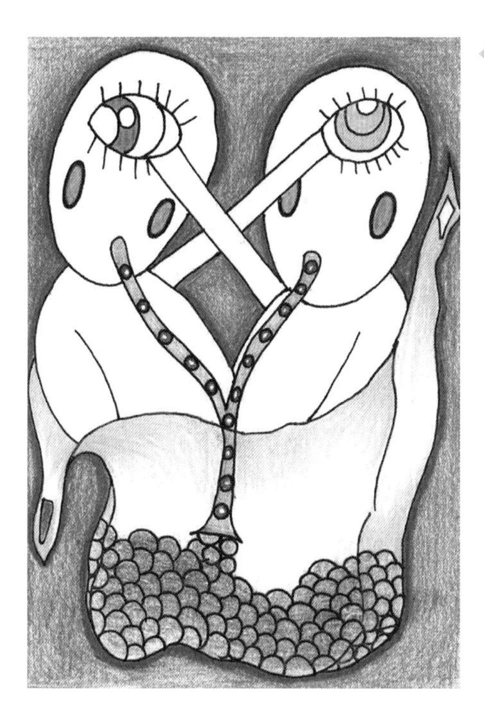

肝胆协作

肾是胆强大的基础

从上文我们可以看出，不管是胡椒薄荷精油的利肝又利胆，还是香豆素的放松和扩张胆管及提升肝和肾的力量，都对应了中医五行生克理论，这也启发我们一个认识自然的新角度。自然是一个整体，蕴含着神奇的力量，也有神奇的智慧。这些协同作用，不管是我们意识到还是尚未意识到，它们本身都是存在的，我们要做的就是去发现它们之间各种各样的联系，这是一个很有意思的过程。

安抚呼吸系统

人的生命就在一呼一吸之间，呼吸体现着生命的节律。

我上中学时特别喜欢看一本漫画——《乔乔历险记》，主人公在偶然间发现了一种波纹气功，这种气功需要调整呼吸，当呼吸频率调整到跟心跳频率一致时，就会在手掌中形成一种波纹，这种波纹可以打败僵尸。整个故事都在写他怎么用手中微弱的波纹去打一个接一个、越来越强大的僵尸。从那时起，我就觉得呼吸的频率对身体太重要了。

跟呼吸系统有关的芳香分子有酯、氧化物、烯和酮。

酯

常见的酯有萜烯酯和苯基酯。萜烯酯的安抚力量没有那么强，但安抚的方向很明确。常见的苯基酯有苯甲酸苄酯、水杨酸甲酯和邻氨基苯甲酸甲酯。这三种酯的安抚力量非常强，但是安抚的目标范围比较广泛，而且并不善于安抚呼吸道。

酯是由酸和醇生成的。当酸有七个碳原子时，生成的酯安抚力量最强。酸中的碳原子越少，则生成的酯的安抚力量越弱。

萜烯酯中能够安抚呼吸道的酯类有乙酸牻牛儿酯和乙酸龙脑酯。

乙酸牻牛儿酯能安抚肌肉，对运动肌、气管和肠道平滑肌都有安抚作用，因此对治疗咳嗽等有效。含有乙酸牻牛儿酯的精油有玫瑰草精油、柠檬细籽精油、柠檬草精油、马郁兰精油、依兰精油等。

依兰精油比较擅长安抚肠道平滑肌。玫瑰草精油比较勇猛，更多的是强化肌肉的力量。柠檬草精油比较擅长安抚全身的运动肌。马郁兰精油的关键词是呼，其中的乙酸牻牛儿酯擅长安抚气管平滑肌，因此马郁兰精油是乙酸牻牛儿酯中一种常用于安抚呼吸道的精油。

乙酸龙脑酯是乙酸和龙脑化合而成的酯。作为一种单萜醇，龙脑的关键词是强心，对心肺区有强大的力量。因此，乙酸龙脑酯着重安抚心肺区。

含有乙酸龙脑酯的精油有胶冷杉精油（对日常呼吸的调整有作用）、黑云杉精油（着重提升心肺区的力量）、土木香精油和阿密茴精油。土木香精油和阿密茴精油都是急救用精油，当人喘不上气、心跳快要停止时，可以用土木香精油和阿密茴精油救急。

乙酸萜品酯是乙酸和萜品醇化合而成的，它能安抚消化道和呼吸道。含有乙酸萜品酯的精油有豆蔻精油和肉桂精油。

呼吸道需要安抚的时候，比如咳得厉害、嗓子痛或哮喘时，都可以使用酯类芳香分子。可以涂抹，也可以吸（把它滴在手上搓一搓，然后慢慢吸入，让其安抚呼吸道），还可以涂在肺对应的体表部位，因为它可以透皮入血，直达肺部。

氧化物

常见的氧化物类有1,8－桉油醇、沉香醇氧化物和玫瑰氧化物。其中1,8－桉油醇和沉香醇氧化物对呼吸道关系更紧密。1,8－桉油醇就像一阵大干风，因为呼吸道就是一个风通过的地方，所以1,8－桉油醇这阵大干风可以把呼吸道的管道吹得非常通畅。

1,8 -桉油醇在表达氧化物感染方面，可以提升免疫力，抗呼吸道病菌；在表达氧化物祛痰、消除黏液方面，可以促进纤毛摆动——纤毛是运痰的，纤毛摆动，痰就会往上，最终被咳出来。

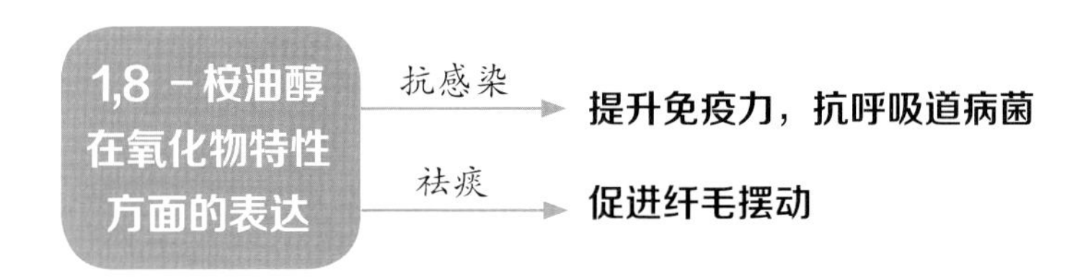

含有 1,8 -桉油醇的精油有蓝胶尤加利精油、白千层精油、桉油醇迷迭香精油、香桃木精油和豆蔻精油。

前面我们在说乙酸萜品酯安抚呼吸道和消化道的时候，提到豆蔻精油和肉桂精油。豆蔻精油既能促进呼吸道纤毛摆动，把痰咳出去，又可以安抚呼吸道，让呼吸道畅通。

沉香醇氧化物在表达氧化物抗感染方面的特殊力量是抗病毒（尤其是呼吸道的病毒）。

1,8 -桉油醇和沉香醇氧化物都能帮呼吸道抗感染，其中 1,8 -桉油醇是以抗病菌为主，沉香醇氧化物是以抗病毒为主。因此，在病毒性感冒时可以多用沉香醇氧化物。

含有沉香醇氧化物的精油有沉香醇百里香精油、芳樟精油、高地牛膝草精油和樟树精油。

单萜烯有很多种，其中和呼吸道相关的有樟烯和萜品烯。

樟烯在表达单萜烯抗感染方面的力量是清凉、镇静，在表达单萜烯消

入口清凉，舒缓呼吸，抗感染

炎止痛方面的力量是使黏膜消炎和舒缓呼吸道。

含有樟烯的精油有欧洲冷杉精油和黑云杉精油。

欧洲冷杉和黑云杉都给人凉凉的、森然的感觉。樟烯的关键词是凉，它可以使呼吸道清凉镇静。樟烯给人的力量就像我们在傍晚时走进了一片森林，这时一阵凉风吹过，我们深呼吸，吸到松树散发的那种味道，很有穿透力，很鲜活，有生命力，这时我们的呼吸道会感觉非常舒服。这就是樟烯给人的力量——为呼吸道提供舒缓清凉的感觉。

萜品烯的关键词是单纯，它在表达单萜烯消炎止痛方向上的力量是止咳，在表达单萜烯抗感染方向上的特性是抗呼吸道感染。因此，它也是一种可以舒缓呼吸道、止咳、抗呼吸道感染的芳香分子。

含有萜品烯的精油有茶树精油和马郁兰精油。

在讲乙酸牻牛儿酯时，我们说马郁兰精油的关键词是呼，它含有乙酸牻牛儿酯，因此可以舒缓气管的平滑肌，从而止咳。这里讲单萜烯时又提到马郁兰精油，它含有萜品烯，可以止咳，可以抗呼吸道感染。因此，当呼吸道出现问题时用马郁兰精油是非常合适的。

酮的力量是化解，不同的单萜酮化解的方向不同。其中和呼吸道有关的单萜酮有松樟酮、薄荷酮和异薄荷酮。

松樟酮的关键词是净。它在表达单萜酮消除黏液方向上的特性是消除肺部和呼吸道的黏液，也就是痰，使呼吸道得到净化。

含有松樟酮的精油主要是牛膝草精油。牛膝草在精神方面的力量也是净化，它可以净化人的精神，也可以净化呼吸道和肺部的黏液。

薄荷酮在表达单萜酮消除黏液方向上的特性是可以排痰。松樟酮是把黏液净化掉，薄荷酮则是把痰排出去。

含有薄荷酮的精油有胡椒薄荷精油。

异薄荷酮不是薄荷酮。异薄荷酮在表达单萜酮镇静方向上的力量是镇静喉咙、头和全身肌肉，在表达单萜酮消除黏液方向上的力量是止咳、化痰。人在感冒的时候容易出现喉咙痛、头痛、全身肌肉痛等症状，也容易咳嗽、痰多，这些方面异薄荷酮都可以起到作用。

含有异薄荷酮的精油有波旁天竺葵精油、玫瑰天竺葵精油和岩玫瑰精油。

土木香内酯物

土木香内酯是倍半萜内酯的一种，它的关键词是呼。在表达内酯消炎抗菌方向上的力量是消除黏液、祛痰和清肺。

含有土木香内酯的精油有土木香精油、月桂精油、欧白芷精油。

我们在介绍乙酸龙脑酯时说土木香精油含有乙酸龙脑酯，可以安抚心肺区，是呼吸道急救用精油。这里我们又发现它含有倍半萜内酯中的土木香内酯，可以消除黏液和祛痰。可见土木香精油是强大的呼吸系统急救用精油。

前面讲了月桂精油可以安抚消化道和呼吸道的痉挛，由于它也含有土木香内酯，可以消除黏液和祛痰，因此月桂精油也是一种很适合呼吸道调理的精油。

“呼出”黏液，清肺祛痰

改善血液质量

精油在改善血液质量方面的效果非常直接，因为精油涂抹在皮肤上后会透皮入血。用精油改善其他器官，如胃、肝、肾等，都是通过影响到达该部位的血液来达到改善的目的。精油第一步是先入血，因此它对血液的改善是最直接的。

所有的芳香分子在透皮入血之后，经过 24 小时会被肝肾代谢掉，因此在血液中不会有任何残留。

抗血栓

抗血栓的芳香分子有三类：水杨酸甲酯、香豆素和橙花叔醇。

水杨酸甲酯

水杨酸甲酯这种芳香分子给了人类很大的启发，阿司匹林就是从白珠树中发现的，白珠树含有大量的水杨酸甲酯。酯类都有安抚作用，水杨酸甲酯的安抚作用是可以扩张血管，可以退热，还可以促进血液循环。因此，水杨酸甲酯的关键词是血。它因为有抗凝血的力量，所以可以抗血栓。同时它还可以扩张血管，促进血液循环。

含有水杨酸甲酯的精油有白珠树精油、黄桦精油、晚香玉精油等。水杨酸甲酯的味道就像清凉油的味道。因此，这几种精油闻起来都有一股清凉油的味道。

香豆素

香豆素是内酯的一种，内酯也是一种酯。香豆素的关键词是安抚。香豆素的安抚力在于它可以安抚中枢神经的反射性。何为中枢神经的反射性？就比如要高考了，你连续半年每天七点起来学习，然后高考完之后的第一天你仍然会七点起来，特别精神，还想去学习，这个时候不让你学习，你会觉得失落。这就是中枢神经反射的兴奋性引起的反应。

香豆素可以安抚这种中枢神经反射的兴奋性，还可以安抚心血管和气管的痉挛。它的安抚力和水杨酸甲酯的安抚力很类似。它也可以舒张、放松血管，从而令血管扩张。它还可以扩胆管、输尿管、气管，因此针对肾结石、胆结石的精油配方加上香豆素，能让碎结石更容易排出。

香豆素针对血液方面的力量是抗凝血、降血压。

含有香豆素的精油有零陵香豆精油、中国肉桂精油和葡萄柚精油。

橙花叔醇

橙花叔醇是倍半萜醇的一种，它本身没有扩张血管的作用，也没有安抚血管的作用，但是它能对抗血栓形成。

在心理层面，橙花叔醇有抗焦虑的功效。人是身心一体的，人越焦虑，血液越容易凝结在一起。橙花叔醇既然能抗焦虑，那么它在身体方面也就能抗血栓形成。

含有橙花叔醇的精油有橙花精油、绿花白千层精油和暹罗木精油。

▲ 用温柔安抚身体的兴奋、心的焦虑

提升红细胞带氧量

提升红细胞带氧量的芳香分子有两种：岩兰草醇和 1,8－桉油醇。

岩兰草醇

岩兰草醇是一种倍半萜醇，它对血液有两个方面的作用：一是提升红细胞的带氧量，二是提升红细胞的数量。当人体的红细胞带氧量提升时，人就会有那种吸到充足的氧气的感觉，会精神百倍，精力也特别旺盛。因为这个时候，大脑获得了更多的氧。

岩兰草醇有一个特别之处，除了能提升每一个红细胞的带氧量，还能提升红细胞的数量。因为岩兰草醇属于倍半萜醇，倍半萜醇的一个总的特性是激励白细胞，所以岩兰草醇既有倍半萜醇激励白细胞的作用，又有激励红细胞的作用。因此，岩兰草醇的关键词是血。

从地面上看，岩兰草的植物形态就是一堆草，但是如果把它挖出来，会发现它的根特别长，甚至超过 1 米。黄河上的好多堤坝都是用泥土筑成的，为了让这种堤坝更加坚固，人们就在上面种岩兰草，利用它的根把泥土固定住。

血是生命的本源，岩兰草的力量能把这种生命的本源稳固和加强。

含有岩兰草醇的精油有岩兰草精油和红花缅栀精油。

1,8－桉油醇

1,8－桉油醇并非醇，而是氧化物的一种。蓝胶尤加利精油、白千层精油里就含有大量 1,8－桉油醇。

1,8－桉油醇不仅可以疏通呼吸道，还可以疏通体内的各种管线，甚至可以提升整个精油配方的穿透力。

1,8－桉油醇可以疏通大脑中的思维管线，因此有利脑的作用。人在很困的时候，就可以闻一闻蓝胶尤加利精油来提神。

蓝胶尤加利精油的关键词是风，因此它在疏通血管的时候，就加入了风的力量，可以让每一个红细胞的带氧量增加。呼吸道不畅时，熏香蓝胶尤加利精油可以促进呼吸道纤毛摆动，把痰排出体外。这个作用就是因为其含有1,8－桉油醇。

另外，针对贫血或血液循环不畅、大脑供氧不足而导致的头晕等情况，也可以用岩兰草醇加1,8－桉油醇，这是一个很好的提升红细胞带氧量和提升整体血液质量的配方。这个配方在使用时也可以适当调整比例，如果想提升血液健康程度，就以岩兰草醇为主；如果想促进循环，就以1,8－桉油醇为主。

降血糖

糖尿病患者血糖高大都是因为胰岛素出现了问题，或是分泌不出来，或是分泌出来后人体接受不了。针对这些情况，有一些芳香分子比较管用，如小茴香醛和肉桂醛。

小茴香醛

小茴香醛属芳香醛类，属于火家族。芳香醛有三个特性——抗感染、助消化和止痛，小茴香醛则有一种火加风的力量，因此通经络的特性比较明显。小茴香醛在助消化方向上的特性是降血糖，因为糖尿病与消化系统密切相关。含有小茴香醛的精油有小茴香精油和中国肉桂精油。

肉桂醛

肉桂醛是芳香醛中的一类，也有抗感染、助消化、止痛三个特性，尤其是抗感染的力量在所有芳香分子中排名第一。

肉桂醛在芳香醛助消化方向上的表达是促进身体的胰岛素分泌，并提升其吸收，因此糖尿病患者可以吃肉桂。

肉桂醛还可以让身体发热，因此有活血和催情的功效，也可以增强身体的力量。

含有肉桂醛的精油有中国肉桂精油、锡兰肉桂精油和红花缅栀精油。中国肉桂有甜甜的味道，我们在喝肉桂咖啡或肉桂红酒时，都能感受到这种甜味。对于不能吃糖的糖尿病患者来说，中国肉桂可谓是一种很好的替代品。

活血清血

活血清血的芳香分子主要有丁香酚和意大利酮，前者活血，后者清血。

丁香酚

丁香酚主要存在于丁香精油中。我经常用这款精油做药引子，因为它有一个特性：它可以提升这个配方中其他精油和芳香分子的凝聚力和协同作用，然后把这个芳香分子带到它真正想起作用的那个器官或部位，因此也能提升整个配方的凝聚力与协同作用，增强配方的穿透性。

酚属于战神家族，它有几个特性：抗菌，提升免疫力，消炎止痛，促循环和激励循环，抗氧化。丁香酚在促循环和激励循环方向上的特殊表达是可以提升月经的规律性和活血。丁香酚的活血特性类似做战前总动员的国王，他拿着剑与列阵战士的长矛“啷啷啷啷”相碰后，再回到队伍中进行一番战前演说。这个时候所有的人都会热血沸腾，准备奋勇杀敌。丁香精油就带有这样一种能量，它可以让血畅快地向前流去，还可以协调血中的所有分子，让它们也提升凝聚力和协同作用，这样血的力量就会增加，其活血作用就是这样一个过程。

意大利酮

意大利酮的关键词是瘀。因为意大利酮的特殊疗愈力就是祛瘀。它在消除黏液方面的特殊表达则是清血。

意大利酮是一种倍半萜酮，倍半萜酮有四个方向上的力量：镇静、消解黏液、促进细胞新生、抗肿瘤。血脂高、血黏稠会给身体带来严重的不可逆后果，意大利酮在表达倍半萜酮消除黏液方向上的力量是可以将血中的废物消除，让血变得轻盈，变得健康。这种轻盈感并不是说生命力被降低了，而是废弃物质被减少之后呈现出的一种状态。

此外，意大利酮在表达倍半萜酮促进细胞新生方向上的力量是通过促进血管内壁的细胞新生来修补血管。

含有意大利酮的精油主要有意大利永久花精油。

修复受损皮肤

皮肤是人体的第一道屏障，很容易受损。皮肤受损的原因有很多，比如护肤过度或是去角质过度等。很多时候，激素使用过多也会使皮肤的免疫力变差，当停止使用含激素的护肤品时，皮肤就会变得非常脆弱，容易出现各种问题。

皮肤的修复和我们心碎之后的修复所依靠的力量是一样的，那就是时间。真皮层慢慢变成表皮层，然后脱落，这个周期需要30~45天。在皮肤修复过程中，人们常犯的一个错误就是觉得自己的皮肤看着很不爽，于是用各种各样的东西来护理，殊不知皮肤自身保护力弱时会很容易过敏。

过敏实际上就是皮肤太脆弱了，自己的免疫力会去攻击本来它不该攻击的东西，于是就产生了各种反应。这是人在弱的时候，自己会产生的一种反应。这个时候若再往脸上用那些成分复杂或浓度高、活性强的护肤品，就会加重皮肤的过敏。

在皮肤脆弱的时候，可以选择合适的精油和基础油进行修复。前提是配方一定要选对，要非常温和。

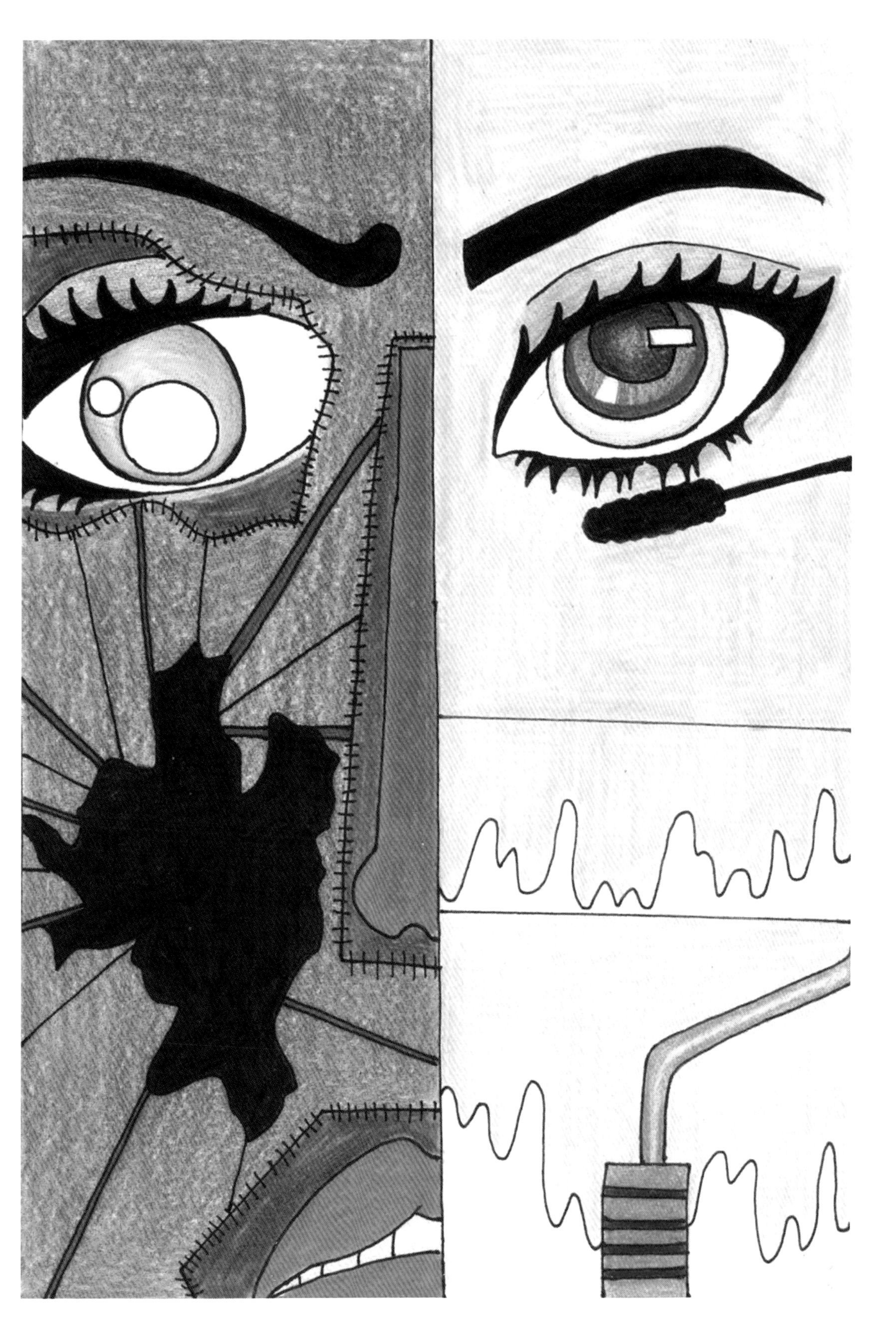

精油和基础油修复皮肤的方向

精油和基础油修复皮肤的方向主要是愈合、平衡、安抚、消炎。

下面来看一个皮肤修复油的基础油部分的配方：

金盏花浸泡油 20%、玫瑰果油 15%、荷荷巴油 60%、琼崖海棠油 5%

金盏花本身就有一种阳光的暖暖的感觉，就像人在晒太阳的时候会变得很放松，会有一种安全感。金盏花的能量可以让人的内心觉得自己是安全的，这个时候就可以减缓皮肤的过敏。它也有杀菌消炎的作用，但是它在这个配方中的主要作用还是安抚、镇静皮肤。

配方中用了一点玫瑰果油，它的活性比较高，可以促进皮肤表面的微循环，对修复皮肤有帮助。也正是因为它的活性高，为了避免刺激已经受伤的皮肤，所以只用了 15%。

荷荷巴油用的比例比较高，是因为荷荷巴油是植物蜡。这种植物很有智慧，在高温下植物的水分很容易丧失，于是它就在自己的表面形成了一层植物蜡。透过这一层蜡，它还是可以呼吸的，而且保持住了它的水分。因为过敏皮肤的角质层被破坏，皮肤失去了屏障，这个时候它的保水作用大大减弱，如果再用活性高的乳液会对皮肤有进一步的刺激，而使用荷荷巴油就非常合适。荷荷巴油能够帮助皮肤保存水分，同时皮肤还可以呼吸，可贵的是它还非常温和。

琼崖海棠油是一种很神奇的祛疤修复油，我用它配过一款去疤痕的油，只有它一种成分。把它涂在疤痕上，效果非常好。琼崖海棠油闻起来有一股药味儿。因为它的活性太强，所以上面配方中只加了 5%。

在做精油配方时需要考虑的是，使用者能接受的这款油的强度总和是有限的，因此要特别注意调整浓度。有些成分可能效果很好，但却可能引起一些刺激，那也只能忍痛割爱减少它的比例。如果皮肤状态已经非常脆弱，可能就只能用基础油了，也可以起到很好的效果。如果皮肤接受度还可以，那就再加点精油。

精油部分，我选的主成分是岩玫瑰精油。如果说乳香是天上的光，没药是地上的能量，那么岩玫瑰就是人间的能量。岩玫瑰精油可以疗愈各种伤痕，其主要生理功效是止血，效果很好。

除了岩玫瑰，我还加了罗马洋甘菊精油和德国洋甘菊精油。罗马洋甘菊精油是护理过敏皮肤常用的精油，其主要化学成分是酯，对于过敏有很好的安抚效果。德国洋甘菊精油的主要成分是倍半萜烯，可以增强人身心的力量。皮肤脆弱时很害怕外界的各种风吹草动，德国洋甘菊精油就可以给予勇气。

另外两个成分是玫瑰天竺葵精油和波旁天竺葵精油，这两种精油都含有香茅醇和金合欢醇。

香茅醇是一种单萜醇，它可以平衡油水，还可以预防毛细血管破裂（脸上受损后出现的红血丝就属于毛细血管破裂）。香茅醇还可以提升细胞的含水量。作为单萜醇，它本身也可以杀菌消炎。单萜醇还有调节免疫力的功效，与酚、芳香醛一类激发免疫的物质不一样，它是调节免疫力的，当免疫力过亢时它也可以安抚。

波旁天竺葵和玫瑰天竺葵都含有香茅醇，二者可以互长互助。这里没加玫瑰精油，是因为玫瑰精油成分太复杂，皮肤在敏感状态下还是应尽量避免使用较复杂的成分。

这两种天竺葵精油还含有金合欢醇。金合欢醇是一种倍半萜醇，本身就有补肾暖身和调节免疫力的功效。它还可以平衡油水和提升皮肤的健康程度。金合欢醇也有杀菌消炎的作用，这对于受损、角质层变薄、抵抗力下降的皮肤来说是很有帮助的。

配方里面还加了香蜂草精油，因为香蜂草精油在低浓度时可以安抚过敏。当然更重要的是，香蜂草精油也有安抚心灵的作用。

皮肤受损的心灵应对

皮肤是身体的屏障，身心灵是一体的，有的时候人的心情变化也会引起皮肤的变化。比如心里害怕时，皮肤容易过敏；压力太大、心力枯竭时，皮肤容易干；情绪不稳定时，皮肤的油水容易失衡。因此我加入香蜂草精油，它不但能安抚受伤的心灵，还能作为一个引子，把其他几种精油的心灵功效引发出来。

当你不知道皮肤的问题是生理因素还是心理因素造成的时候，没关系，你在给皮肤用油的时候，如果发现它很适合皮肤状态，那么它也会恰巧适合心理状态。因为植物和人体一样，它的各种疗愈方向可能看似不同，但归根结底是在同一个方向上，这也是研究精油特别有意思的一个方面。

▲疗愈肌肤也是疗愈心灵

利肾抗炎，增强性能力

与肾脏有关的芳香分子有如下几种。

胡椒酮：促进细胞新生

胡椒酮是单萜酮的一种。单萜酮有七个方向的力量，分别是：

- 镇静
- 利脑
- 消除黏液
- 助力伤口细胞新生
- 通经
- 助消化
- 抗菌

在展现单萜酮助力伤口细胞新生这个方向上，胡椒酮的关键词是肾，它可以帮助肾脏细胞新生。

含有胡椒酮的精油有薄荷尤加利精油、多苞叶尤加利精油、黑胡椒精

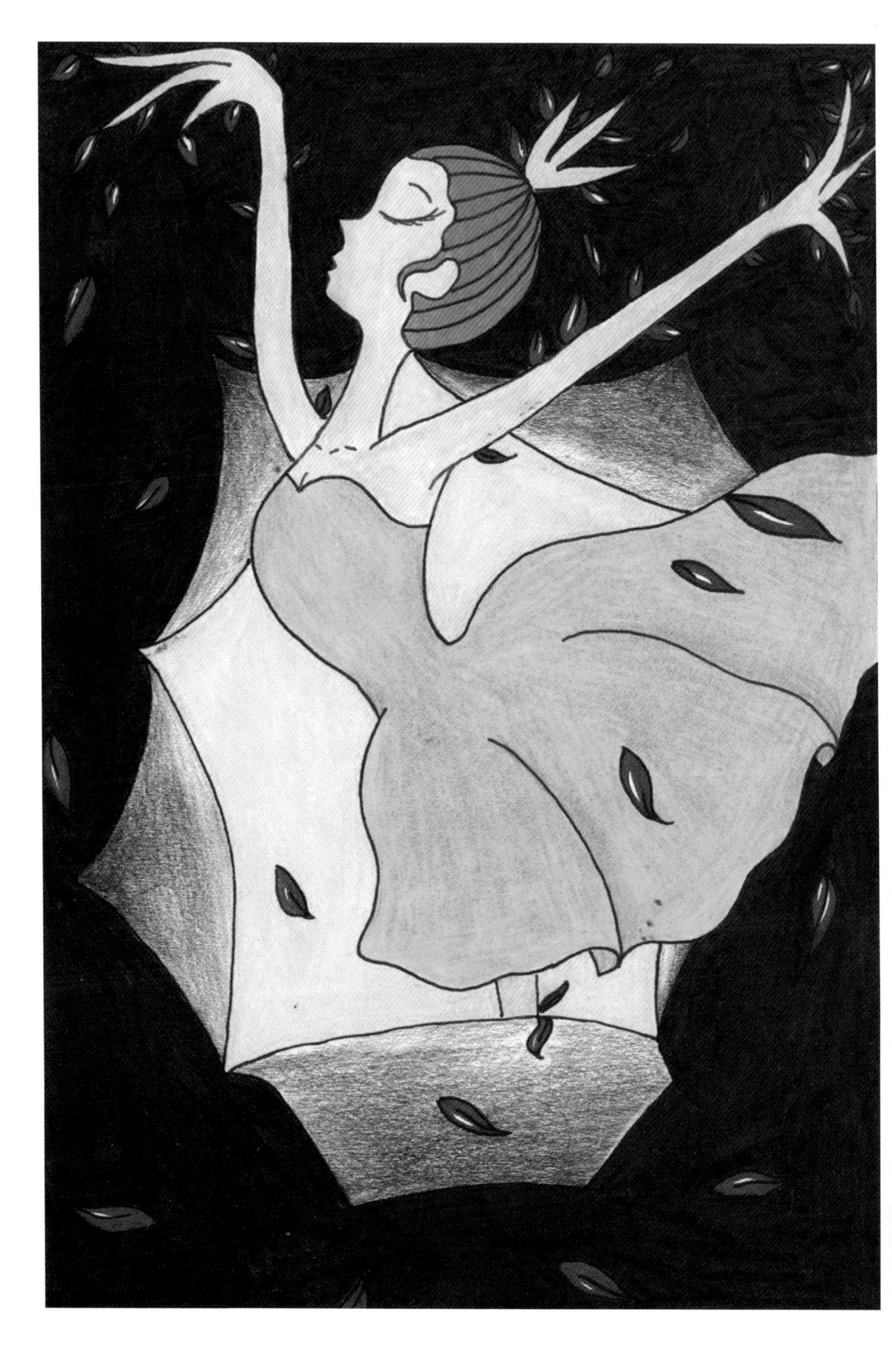

油和樟树精油。当调配促进肾脏细胞新生的精油时，可以用薄荷尤加利精油，或者以樟树精油为主成分，附以多苞叶尤加利精油和黑胡椒精油。

肾有问题多半根源于情绪，比如与男女之间的情感关系不平衡等。胡椒酮有慧剑斩情丝的力量，它就像金庸武侠小说里的灭绝师太。

这里特别提一下樟树精油。樟树在植物科属也有新生的力量，通常一片森林遭受火灾之后，最先长出来的树就是樟树。它有一种新生的先驱力，在促进肾细胞新生的时候可以用。它既符合植物科属的力量，又充分展现了其主要成分胡椒酮的力量。

檀香醇：滋养肾脏

檀香醇是倍半萜醇的一种，倍半萜醇有四个特性：杀菌消炎、调节免疫力、增强白细胞与抗体、补肾暖身。

檀香醇在补肾暖身方向上的表现是补肾，在调节免疫力方向上的表现是滋养心脏，在杀菌消炎方向上的表现是抗血管和黏膜发炎。檀香醇的关键词是心肾，对心脏和肾脏都有滋养作用。

含有檀香醇的精油主要是檀香精油。

檀香精油比较昂贵，但是它在肾这个方向上的作用是不可替代的，它本身就带有生命力。檀香精油可以催情，是因为它里面所含的檀香醇能够滋养心脏、补强肾脏，肾脏和心脏的力量强了，情欲才有生发的生理基础。

香芹酚：男性壮阳

香芹酚是酚类的一种。酚类分为百里酚、香芹酚和丁香酚，是一个战神家族。其中，百里酚像是酚类家族中的小孩，是个小战神，充满战斗力；香芹酚是酚类家族中的战神，家族中的男人，杀菌消炎作用特别强；丁香酚是酚类家族中的女人，杀菌消炎作用也很强，尤其可以针对女性疾病，如治疗月经不规律、发炎型经痛等。香芹酚作为酚类家族中的男人，对提升男性力量有直接作用。

酚类的力量有四个方向，香芹酚在其中促循环和激励这个方向上的力量是促进肌肉力量和促进男性生殖系统能量。

含有香芹酚的精油有冬季香薄荷精油、野地百里香精油、多苞叶尤加利精油。

和肾脏有关的精油，使用方法大部分都是稀释成 1% ~ 2% 的浓度后涂抹肾脏对应体表区域，也可以涂抹脊柱，甚至整个后背。精油可以透皮入血，最后会流过肾脏。

在选配方的时候，滋养肾脏、促进肾脏血管弹性、补肾气三个功效，可以融于同一个配方之中，因为它们互相之间有功效上的协同作用。但是要选好君臣佐使，每次只能针对一个主要目的。在配浓度的时候，君的浓度最高，臣是君的一半，佐和使是臣的一半，这样整个配方的目的性就非常明确了。

需要注意的是，酚类家族虽然杀菌消炎力极强，但对皮肤的刺激性较大，因此香芹酚类的精油总浓度不要超过 2%，而且不要涂抹于黏膜上。用来壮阳时，涂抹小腹、腹股沟、肾脏、脊椎就可以。

香草素：增加肾脏血管弹性

肾脏的血管非常密集，因此保证血管弹性很重要，这方面可以使用香草素。香草素是芳香醛中一种很特殊的芳香分子，芳香醛是火家族，如肉桂醛、小茴香醛都有强大的杀菌消炎的火的力量，而香草素虽身在火家族却爱玩水。肾脏和水关系密切，因此香草素在展现芳香醛助消化特性上的特殊疗愈力是补肾，提升肾血管的弹性。

含有香草素的精油有香草精油、安息香精油、秘鲁香脂精油等。安息香精油和秘鲁香脂精油也能强心，这又契合了中医心肾一体的理论。

水茴香萜：固肾气

中医说："气为血之帅，血为气之母。"气是无形之物，属于阳能量，血是有形的物质，属于阴能量，二者相辅相成。因此，在使用其他芳香分子成分从生理层面补强肾脏的同时，还需要有芳香分子成分补充肾气，水茴香萜就是很好的选择。

水茴香萜是单萜烯的一种，单萜烯的作用中，其中一个方向就是补气，且专门补肾气。

水茴香萜在补肾气的同时也能利尿，因此调理泌尿系统时用到的精油中也都含有水茴香萜。

单萜醛：消结石

泌尿系统的运转大致是肾收集身体中的废水，然后存入膀胱，最后从尿道排出去。

泌尿系统一个常见的问题是结石。消解结石的芳香分子比较少，现在

人们已经知道的只有单萜醛。它可以消尿道结石、胆管结石和肾结石。

常见的单萜醛有柠檬醛和香茅醛，柠檬醛是纤细的能量，香茅醛是豪迈的能量。含有柠檬醛的精油有香蜂草精油、柠檬马鞭草精油、柠檬香桃木精油、姜精油、澳洲尤加利精油和柠檬草精油。

常见单萜醛及其代表精油和作用

	柠檬醛	香茅醛
关键词	纤细	豪迈
镇静或激励	镇静交感神经，抗焦虑	止肌肉痛
消炎，退热	抗过敏	消炎和消肿（跌打）
扩张血管，降血压	扩张血管，降血压，抗血小板凝集	扩张血管，降血压
抗感染	抗病毒感染	驱虫
助消化，消结石	助消化，消结石	助消化，消结石
代表精油	香蜂草、柠檬马鞭草、柠檬香桃木、柠檬香茅	柠檬细籽、柠檬尤加利

含有香茅醛的精油有柠檬尤加利精油和柠檬细籽精油。柠檬细籽精油含有大量的单萜醛，其中一半是柠檬醛，一半是香茅醛。用柠檬细籽

精油消解结石时，其实用的是单萜醛的一个共性，而不是柠檬醛或香茅醛的特性。

因此，消解肾结石或胆结石可以用柠檬细籽精油作为主将，把它稀释到5%，涂在结石部位对应的体表，可透皮入血，进入管道，消解结石。结石小了之后，可能还是排不出来，这时候还需要另外一种芳香分子——香豆素。

香豆素：扩张管道，消炎抗菌

香豆素的关键词是安抚，它可以安抚中枢神经反射的兴奋性，还可以提升肾的力量、抗凝血、降血压、退热。

香豆素是内酯的一种，所以它在表达内酯安抚抗痉挛方向上的力量是可以抗心血管、气管、胆管和尿管的痉挛，也就是安抚这些管道。让这些管道放松，结石就更容易排出去。

我们在配消结石的精油时，可以加入2%~4%的香豆素。含有香豆素的精油有零陵香豆精油、中国肉桂精油、葡萄柚精油。如果加中国肉桂精油，不要超过1%，因为它对皮肤有较大的刺激性。香豆素带有苯环，分子量比较大，口服会加重肝的负担，把它涂在结石部位对应的体表即可。

内酯的另一大功效是消炎杀菌，香豆素在展现内酯消炎杀菌这个方向上的特点是它可以针对管道（胆管、尿管、气管）、肾脏消炎抗菌。如果肾脏发炎，可以加入香豆素类的精油。

呋喃香豆素是带有呋喃环的香豆素，它有光敏性，而香豆素没有光敏性。呋喃香豆素的关键词是快乐，而香豆素的关键词是安抚。芸香科的精油很多都含有呋喃香豆素。

水茴香萜、右旋香芹酮：利尿

水茴香萜

水茴香萜是伞形科植物中常见的一种芳香分子。单萜烯有三个方向的力量，分别是补气、抗感染和消炎止痛，在补气方向的力量是补肾气，在抗感染方向的力量是抗尿道和膀胱感染，在消炎止痛方向的特殊表现是能利尿。

水茴香萜在单萜烯的三个方向都表达了在泌尿系统上的专长，所以它的关键词是尿。

含有水茴香萜的精油有薄荷精油、尤加利精油和莳萝精油。

莳萝精油非常温和，很适合儿童使用。小孩如果常尿床，憋不住尿、尿频，或者是尿不出来时都可以用它。但三岁以下的儿童不要用，否则有可能造成肝肾负担。

右旋香芹酮

香芹酮是单萜酮的一种，关键词是消化。香芹酮分为左旋香芹酮和右旋香芹酮。

左旋香芹酮的关键词是腺，对腺体有特殊的疗愈作用，可以提升乳汁分泌，提升胰岛素的分泌。绿薄荷精油含有左旋香芹酮，可以用来通乳腺，促进乳汁分泌。

右旋香芹酮常存在于伞形科植物中，它的关键词是尿，主要作用于泌尿系统。

单萜酮有七个方向的力量，右旋香芹酮在单萜酮镇静方向的力量是镇静膀胱括约肌，可以舒缓膀胱括约肌的紧绷。在单萜酮的助消化方向上，右旋香芹酮的力量是利尿，因此其关键词是泌尿。含有右旋香芹酮的精油有藏茴香精油和莳萝精油。

这里特别说一下莳萝精油。莳萝精油的关键词是尿，它含有三种芳香分子：单萜烯含量为50%～80%，其中以水茴香萜为主，水茴香萜的关键词是尿；莳萝醚含量为3%～10%，可以强化膀胱括约肌；单萜酮含量为5%～40%，主要是藏茴香酮（也称右旋香芹酮）。5%～40%是很大一个范围，这是因为萃取部位不同，当莳萝全株萃取时，右旋香芹酮的浓度是5%；当萃取物是莳萝种子时，右旋香芹酮的浓度是40%。如果给小孩用，即使是三岁以上，也最好选全株蒸馏的。

多苞叶尤加利：杀菌消炎

对于生殖系统炎症，除了上述含有香豆素的精油，多苞叶尤加利精油也是一种很有代表性的精油，它含有一种特别强大的杀菌消炎分子——香芹酚。香芹酚是战神家族酚类中的男人，也就是战神中最有战斗力的那一个芳香分子，在整个芳香分子杀菌消炎排行榜上排名第二。

多苞叶尤加利精油的关键词是殖，特别适合消杀生殖泌尿系统的细菌和炎症。尤加利是风的力量，作为尤加利家族中的一员，多苞叶尤加利精油中风的力量和泌尿系统方向流动的力量是相辅相成的，不管是从植物科属还是从化学成分来看，它都适合用于泌尿系统杀菌消炎。

多苞叶尤加利精油含有香芹酚，刺激性特别强，在使用时不要涂抹在黏膜部位，可以涂抹在腹股沟，因为腹股沟有淋巴结，涂抹后可以激励腹股沟淋巴结杀菌消炎。即使是涂抹腹股沟，也不能用纯精油，需要稀释到2%以内，可以多涂几次。

镇静神经，调节情绪

镇静神经、调节情绪的芳香分子有如下几种。

乙酸沉香酯、乙酸苯甲酯：安抚

说到安抚神经和情绪，就不能不提酯类，但是酯类有很多，它们安抚的方向也不太一样。

酯是由酸和醇化合而成，酸的碳原子数量决定了酯安抚的力度，而醇则决定了酯安抚的方向。其中的乙酸沉香酯和乙酸苯甲酯对神经系统有强大的安抚作用。

乙酸沉香酯是由乙酸和沉香醇化合而成的酯，乙酸只有 2 个碳原子，因此这个酯的安抚力量并没有那么强烈，但是沉香醇的关键词是小天使，是一个三级醇，本身就有抗焦虑和安抚肾上腺素的力量。因此，乙酸沉香酯就在沉香醇的疗愈方向上起了作用，擅长安抚神经系统和情绪。

含有乙酸沉香酯的精油有薰衣草精油、快乐鼠尾草精油、苦橙叶精油、柠檬薄荷精油和佛手柑精油。

我们都知道薰衣草可以安抚情绪，因为它含有的乙酸沉香酯提供了很

大的帮助。

乙酸苯甲酯安抚的是生殖系统和神经系统。含有乙酸苯甲酯的精油有摩洛哥茉莉精油、阿拉伯茉莉精油、黄玉兰精油和依兰精油。

酯类对神经系统的安抚，既包含了自主（植物）神经系统，又包含了非自主神经系统。

自主神经系统是身体能自主的神经系统，比如人睡着了还是能呼吸，心还是在跳动，这就是身体的自主神经系统在发挥着作用。自主神经系统又叫植物神经系统，意思是即使变成植物人了，这些神经系统仍然可以发挥作用，仍然可以呼吸，可以有心跳。非自主神经系统是指身体没法自主控制，而需要人的意识来控制的神经系统。乙酸沉香酯和乙酸苯甲酯的安抚力量，对自主神经系统和非自主神经系统都有作用。

有一种幻肢痛，就是人的某一部分肢体丧失了，但他仍会觉得这部分的肢体在痛，这种神经系统的问题也可以用这两种酯来安抚。

瑟丹内酯：强镇静

瑟丹内酯具有强大的镇静神经系统的力量，因为瑟丹内酯的“瑟丹”一词就是英文“镇静剂”这个词的词根。

含有瑟丹内酯的精油主要是芹菜精油。我曾经配的清肝油也含有芹菜精油，用的是瑟丹内酯清肝毒方向上的力量。在涂了清肝油之后，睡眠会得到改善，可以睡得沉，这个过程中，肝的毒素可以被清理。因此，芹菜精油既能清肝毒，又能让人在一夜好睡眠后精神变得特别好。植物精油内部芳香分子的协同作用，让人不得不感叹大自然太有智慧了！

镇静神经，清理肝毒

单萜醛：调节神经系统

单萜醛对神经系统的调节是既可以安抚神经系统，又可以振奋神经系统，它在哪个方向上发挥力量，很大程度上取决于它的剂量——低浓度时安抚神经系统，高浓度时振奋神经系统。因此你会发现，含有单萜醛的精油如柠檬草精油、香蜂草精油、柠檬细籽精油，用一点点来香熏的时候，你会容易变得平静下来，但是用多了之后，你反而会变得兴奋起来。前面说过的香蜂草精油能抗过敏，也是需要低浓度使用，因为低浓度的时候，它的单萜醛可以安抚神经系统，从而起到抗过敏的作用。

醚：调节神经系统，增强灵敏度

醚对神经系统的调节，是它可以在麻醉末梢神经系统的同时，兴奋中

调节神经系统，增强灵敏度

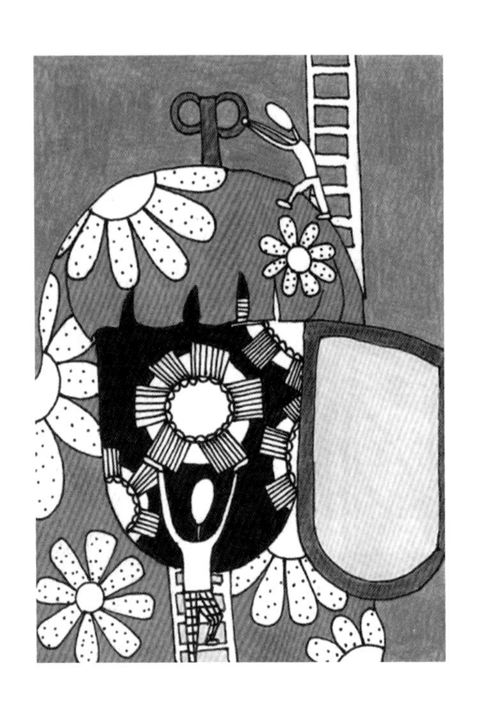

枢神经系统。都说醚是一种能助眠的精油，就是因为它可以麻醉末梢神经系统。

麻醉末梢神经系统和兴奋中枢神经系统看似是两个方向上的力量，但我相信人在睡觉的过程中脑电波是会有几次转换的，不会都在一个状态。醚类有一种能提高人的意识，让意识回归本源的力量。其表现就是麻醉周遭，让中枢兴奋起来。

醚不仅能调节神经系统，还能增强神经系统的灵敏度，尤其是醚中的甲基醚蒌叶酚。比如闻精油闻得太多，嗅觉变钝了，气味分辨不灵敏的时候，就可以用甲基醚蒌叶酚类的精油来提升嗅觉的灵敏度。

除了嗅觉，甲基醚蒌叶酚也可以提升其他神经系统的灵敏度。比如对于视觉障碍者，需要提升手部摸盲文的皮肤触感的灵敏度，这时就可以用含有甲基醚蒌叶酚的精油。

含有甲基醚蒌叶酚的精油有热带罗勒精油、甜罗勒精油和龙艾精油。

香豆素：安抚中枢神经反射的兴奋性

中枢神经反射的兴奋性是什么意思呢？比如，你长期以来都是每天早上七点起床去做一件事情，形成了习惯，因此每天一到早上七点你就会睁眼，这就是中枢神经反射兴奋性。那么，当你想过睡懒觉的生活，不想七点这么早就起来的时候，你就需要安抚中枢神经反射的兴奋性，这时就可以用香豆素类的精油。含有香豆素的精油有零陵香豆精油、中国肉桂精油。

如果是调理情绪，香熏是最好的，但是神经系统是遍及全身的，并不仅仅依靠脑内分泌的变化，因此用精油来改善神经系统，涂抹的效果会更好一些。

◀安抚精神，改善神经系统

放松肌肉，增强力量

具有放松肌肉、增强力量作用的芳香分子有如下几种。

香芹酚：提升力量

香芹酚是酚类这个战神家族中的男人，是战神家族成员里战斗力最强的一个。酚这个战神家族的成员，普遍有抗菌、提升免疫力、消炎止痛、促循环和激励以及抗氧化等功效。香芹酚作为战神家族中的男人，特别能打仗，它在促循环和激励这个方向上的特殊体现，就是增强肌肉的力量和增强男性性能力。当然，它在抗菌、提升免疫力方面的力量也是很强大的。

含有香芹酚的精油有冬季香薄荷精油、野地百里香精油、多苞叶尤加利精油。

乙酸牻牛儿酯：安抚肌肉

乙酸牻牛儿酯是由乙酸和牻牛儿醇化合成的酯，因此它安抚的方向取决于牻牛儿醇的方向。牻牛儿醇的力量像一个火辣辣的女人，特别有肌肉感的那种，因此乙酸牻牛儿酯安抚的方向是肌肉。肌肉痉挛、疼痛时，都可以用乙酸牻牛儿酯类精油安抚。含有乙酸牻牛儿酯的精油有玫瑰草精油、柠檬细籽精油和柠檬草精油。

柠檬草的关键词是健身的健，我们在健身前后都可以涂柠檬草精油。在健身之前用柠檬草精油，是取其提升肌肉力量的功效；在健身之后涂它，可以安抚肌肉，缓解肌肉疼痛。

以温柔的方式安抚紧张的肌肉

含有乙酸牻牛儿酯的还有马郁兰精油。马郁兰精油本身就是一种安抚性的精油，加上含有乙酸牻牛儿酯，也可以帮助安抚肌肉。

依兰精油除了安抚普通的运动肌，还擅长安抚肠道平滑肌。肠道平滑肌紧张时会导致腹泻，比如考试之前紧张就容易腹泻，就是因为紧张的心情影响了肠道的平滑肌，使肠道平滑肌处于紧绷状态。

异薄荷酮：镇静全身肌肉

异薄荷酮的关键词是感冒，在感冒的时候涂很有效果。异薄荷酮是一种单萜酮，单萜酮的作用有七个方向。异薄荷酮在单萜酮的镇静方面的表现是可以镇静喉咙、头和全身的肌肉，因此特别适合感冒时使用。

含有异薄荷酮的精油有波旁天竺葵精油、玫瑰天竺葵精油和岩玫瑰精油。波旁天竺葵精油和玫瑰天竺葵精油又恰好是适合感冒时候用的精油，同时它们还含有异薄荷酮。波旁天竺葵精油含有单萜醇类芳香分子，可以杀菌消炎、补肾暖身，而且它有平衡的力量，因此对感冒偏头疼也有效。玫瑰天竺葵精油含有玫瑰氧化物，可以缓解头痛。

香茅醛：治疗跌打损伤

醛类常见的有柠檬醛和香茅醛，柠檬醛的关键词是纤细，香茅醛的关键词是豪迈，这种豪迈特别像是一个全身肌肉、擅长打仗的女战士。因此，香茅醛在表达醛的镇静或激励神经系统方面的作用是止痛，尤其是止筋骨肌肉的痛。跌打损伤引起疼痛时，可以涂含有香茅醛的精油。

香茅醛在醛类消炎方向的特殊表现是消炎消肿，尤其是跌打损伤之后的肿、运动或外力造成的肌肉痛，用香茅醛类精油就特别合适。

前面提过的柠檬草，因为含有乙酸牻牛儿酯，所以可以安抚肌肉。而柠檬草也含有香茅醛，两种分子作用于同一个部位（肌肉），这样就产生了一种协同作用。

苯基酯：抗痉挛

常见的苯基酯有三种：苯甲酸苄酯、水杨酸甲酯、邻氨基苯甲酸甲酯。这三种苯基酯在表达苯基酯安抚抗痉挛方面的作用都很强大。相比之下，苯甲酸苄酯和邻氨基苯甲酸甲酯比水杨酸甲酯的作用更强大一些。

苯甲酸苄酯的特性除了抗痉挛，还可以止痛。含有苯甲酸苄酯的精油有依兰精油、摩洛哥茉莉精油、秘鲁香脂精油和水仙精油。水杨酸甲酯除了抗痉挛，还可以扩张血管、抗凝血、抗血栓。含有水杨酸甲酯的精油有白珠树精油。感冒、肌肉酸痛时服用阿司匹林能缓解，就是因为阿司匹林中含有水杨酸甲酯。黄桦精油和晚香玉精油也含有水杨酸甲酯。

邻氨基苯甲酸甲酯在抗痉挛方面的作用也很强大。含有邻氨基苯甲酸甲酯的精油有橘叶精油、苦橙叶精油和阿拉伯茉莉精油。邻氨基苯甲酸甲酯的关键词是神经，它除了抗肌肉痉挛，还可以镇静神经。因此，如果调配助眠的香熏精油，可以用含有邻氨基苯甲酸甲酯的橘叶精油作为主要成分。

醚类：强力抗痉挛

醚类可以强力抗痉挛，常见的有甲基醚蒌叶酚、洋茴香脑、肉豆蔻醚、芹菜醚。甲基醚蒌叶酚虽然叫酚，但它其实是醚。芹菜醚不常见，因为它有四个醚基，毒性太大。肉豆蔻醚有三个醚基，毒性也不小。肉豆蔻醚在表达醚类强力抗痉挛方面的功效是专门抗运动肌痉挛。含有肉豆蔻醚的精油是肉豆蔻精油。

洋茴香脑在表达强力抗痉挛方面的力量是抗内脏痉挛。含有洋茴香脑的精油有洋茴香精油和甜茴香精油。洋茴香精油和甜茴香精油有一个小区别是，甜茴香精油对上半身更有效，洋茴香精油对下半身更有效。

甲基醚蒌叶酚在表达醚类强力抗痉挛方面有两个特性：一是抗运动肌、神经肌、平滑肌痉挛；二是可以长效抗痉挛，用一次之后可以管几个小时。含有甲基醚蒌叶酚的精油有热带罗勒精油、甜罗勒精油和龙艾精油。

醚类精油虽然有神经毒性，但是很管用。我有一个朋友因为痛经直不起腰，我让她涂了几滴醚类精油，半个小时之后疼痛消失了。

封锁你的疼痛，解锁你的眉头

双向调节甲状腺

甲亢和甲减是两种常见的甲状腺问题，亢就是亢进，减就是不足。西药治疗甲亢和甲减需要长期吃药，西药是单方向作用的，容易把甲亢治成甲减，把甲减治成甲亢。而芳疗就有独特的优势，因为芳香分子是活的，可以双向调节。也就是说，如果是甲亢，用适合甲亢的精油治疗，甲亢得到完全调节后，它就不再继续起作用了，反之亦然。这就是天然植物的智慧。

甲亢

甲状腺位于咽喉处，因此它和表达有关系。

甲状腺分泌甲状腺素，而甲状腺素可以促进基础代谢率。甲亢的意思就是分泌了过多的甲状腺素，这个时候人的基础代谢率就会比较高，因此甲亢患者大都比较

脖子的不安，眼睛会发现

瘦，眼睛也比较大，整个人会显得特别有精神，反应特别快，表达也比较夸张。

治甲亢的芳香分子怎么找呢？我们可以从法系三角形图上找。如下图所示，下边是感染，左边是发炎，右边是硬化。甲亢就有点像感染，它是一种过度发炎。而治疗感染的精油，就看法系三角形图的左边，从下往上看，有单萜醇、倍半萜醇、醛、倍半萜烯，用这四种芳香分子可以治疗甲亢。

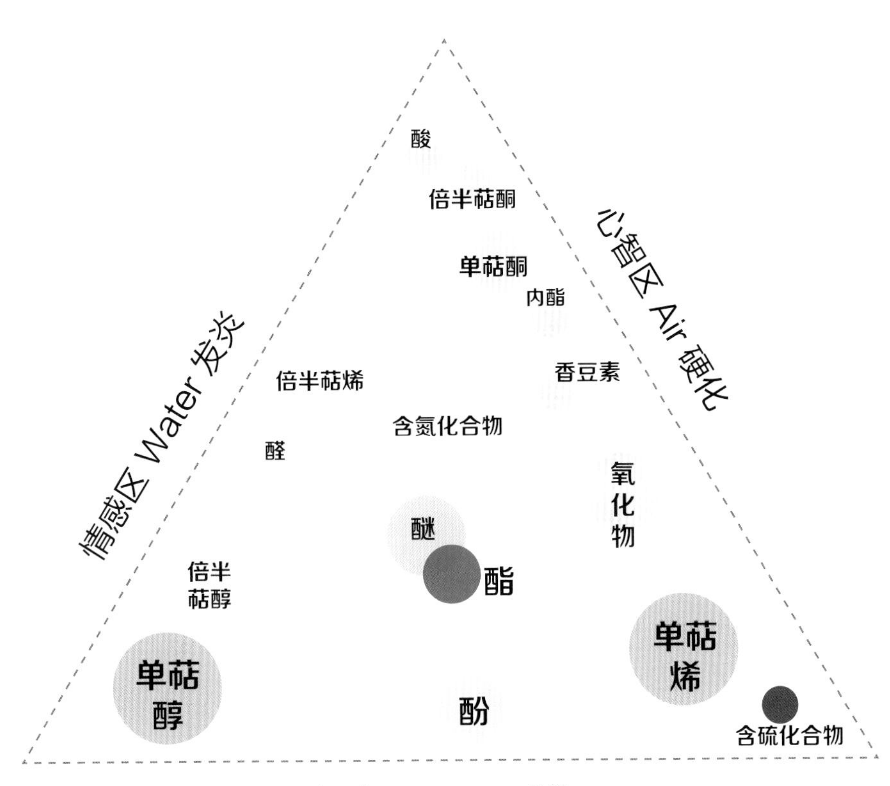

法系三角形图

甲亢就好像是情绪过度表达，这种时候不宜抑制情绪，而是要安抚这种情绪，这四种芳香分子都可以起到安抚作用。

单萜醇可以选马郁兰精油，它有减缓作用。

倍半萜醇可以选大西洋雪松精油、广藿香精油和胡萝卜籽精油。

倍半萜烯中的天蓝烃有强大的安抚力量，因此可以选择含有天蓝烃的精油，如德国洋甘菊精油、西洋蓍草精油。

醛类可以选香蜂草精油，也可以选柠檬草精油。但需要注意的是，醛类在剂量高时作用是激励，剂量低时作用是安抚，因此使用醛类精油治疗甲亢时，剂量要控制得比较低，浓度在 1% 以内。

甲 减

甲减属于硬化，需要活化。比较适合的精油有三类：单萜酮、氧化物和单萜烯。

参照法系三角形图（见上页），硬化这一边相应的芳香分子有单萜酮。单萜酮具有化解作用，可以活化、化解这个硬化。单萜酮类可以用胡椒薄荷精油和绿薄荷精油。

甲减患者的表情通常显得笨笨的、冷冷的，因为他们的基础代谢率降低了，所以需要代谢动起来，氧化物就能起到这个作用。氧化物就好像是大风的力量，可以活化它，让这种硬化的东西重新流动起来。

氧化物类的精油可以选蓝胶尤加利精油。蓝胶尤加利精油本身除了具有氧化物类的活化作用，也可以去湿，还能促进流动和排毒。

单萜烯是那种天然的、快乐的、非常小的分子，本身移动速度非常快，可以用于活化。它就像一把锋利的冰冷的刀，有一种把硬化的东西劈成小块，让它流动起来的能量。

排除毒素，活化、化解硬化

结节

甲状腺结节和甲状腺的内分泌关系不大。它既不是甲减，又不是甲亢，而是甲状腺长了结节、肿块。

对付甲状腺结节，可以用倍半萜酮类或单萜烯、酮类精油。

酮类精油可以用绿薄荷精油，或胡椒薄荷精油加大西洋雪松精油，或胡椒薄荷精油加喜马拉雅雪松精油。大西洋雪松精油和喜马拉雅雪松精油都含有倍半萜酮，有软化长期固浊物质的力量。然后可以再加一些氧化物类的精油，如蓝胶尤加利精油。

单萜烯类可以选胡椒薄荷精油和绿薄荷精油，它们具有清新、锋利的化解作用。

▲化解甲状腺结节

养护肠胃，帮助消化

中医认为，肾是先天之本，胃是后天之本。我们看《伤寒杂病论》里的药方时能感觉到，张仲景在配方子的时候有一个很重要的考量，就是保住胃气。

养护胃气需要从四个方面入手：安抚肠胃、助消化、提升食欲、止痛。

安抚

消化系统的肌肉是会痉挛的，痉挛的时候人就会觉得痛，比如肠道平滑肌痉挛的时候人就会觉得肚子痛。有三种芳香分子可以安抚消化系统的肌肉痉挛。

一是乙酸牻牛儿酯。乙酸牻牛儿酯是由乙酸和牻牛儿醇化合而成的，牻牛儿醇作用的方向是肌肉，因此乙酸牻牛儿酯安抚的方

安抚扭曲的胃

向也是肌肉。这个肌肉也包含气管和肠道的平滑肌，因此肚子痛的时候可以涂乙酸牻牛儿酯类精油来缓解。

含有乙酸牻牛儿酯的精油有玫瑰草精油、柠檬草精油、马郁兰精油、依兰精油等。依兰精油对肠痉挛效果尤其好。

二是乙酸萜品酯。乙酸萜品酯可以缓解呼吸道和消化道痉挛。含有乙酸萜品酯的精油有豆蔻精油和月桂精油。

三是醚类。醚类有几大特性，其中一个是强力抗痉挛，尤其是醚类中的甲基醚蒌叶酚，它可以长效强力抗痉挛，无论是对神经肌的痉挛、平滑肌的痉挛，还是运动肌的痉挛都管用。一般来说，咳嗽多是由于气管平滑肌痉挛，腹泻多是由于肠道平滑肌痉挛，这个时候就可以用甲基醚蒌叶酚类精油来缓解。

提升食欲

能够提升食欲的芳香分子有肉桂酸和醚类。

肉桂酸

肉桂酸是一种芳香酸，它的一个特性就是提升食欲。含有肉桂酸的精油有苏合香精油、中国肉桂精油、大高良姜精油等。

醚类

醚类可以助消化，我们在说安抚的时候提到了醚类里面的甲基醚蒌叶酚，它可以长效强力抗平滑肌痉挛，从而安抚消化道。其实，醚类都可以助消化，因为提升消化系统的力量是醚类的一个共性，而不只是甲基醚蒌叶酚的特性。醚类包含甲基醚蒌叶酚、洋茴香脑、肉豆蔻醚和芹菜醚。

含有甲基醚蒌叶酚的代表精油有甜罗勒精油、热带罗勒精油、龙艾精油。

含有洋茴香脑的精油有洋茴香精油、甜茴香精油等。

含有肉豆蔻醚的精油有肉豆蔻精油。

含有芹菜醚的精油是欧芹精油。芹菜醚是一种毒性比较大的芳香分子，因此使用欧芹精油要极其慎重。平时需要助消化时，用肉豆蔻精油、洋茴香精油、甜茴香精油、罗勒就行了。

除此之外，还有一种精油也可以控制食欲，那就是藏茴香精油，它不仅可以安抚食欲，还能辅助治疗暴饮暴食。

人类在选什么植物来配餐当香料的时候特别有智慧，不光是中国人在炖肉的时候会这么选，泰国人在熬冬阴功汤的时候也会这么选，意大利人在做意大利面的时候仍然会这么选。意大利肉酱面中会放罗勒，因为罗勒含有的甲基醚蒌叶酚分子能促消化，让这碗面更好吃。我曾试着往西红柿鸡蛋面里放罗勒，闻着就没有那么好吃。因为西红柿鸡蛋面比起意大利肉酱面更容易消化，所以放罗勒有点多此一举，鼻子在闻的时候也会觉得有点儿怪。这个时候你的头脑不知道为什么，但是你的身体知道西红柿鸡蛋面没有必要放罗勒。

助消化

助消化的芳香分子有好几类，如单萜酮类、醛类、酚类等。

单萜酮

单萜酮类主要是薄荷酮和香芹酮。

薄荷酮的关键词是饭，可以助消化，它在表达单萜酮助消化方向上的特性是促进胆汁分泌。含有薄荷酮的精油有胡椒薄荷精油。

香芹酮含有左旋香芹酮和右旋香芹酮，左旋香芹酮作用于腺体，右旋香芹酮作用于泌尿系统。不管是左旋香芹酮还是右旋香芹酮，它们有一个共性，就是消除胀气。

含有左旋香芹酮的精油有绿薄荷精油，含有右旋香芹酮的精油有藏茴香

精油和莳萝精油。如果肠胃胀气，可以用香芹酮类精油，比如绿薄荷精油加点藏茴香精油和莳萝精油，涂在消化道对应的体表区域。

醛类

助消化是醛类的一个特性。常见的醛有柠檬醛和香茅醛，它们都可以助消化。泰餐冬阴功汤中通常会放一根柠檬草或香茅，能给食物带来一种锋利的清新味，就像是在广藿香精油里加上一点甜橙精油，甜橙精油清新的味道就可以打破广藿香精油的沉重。这根草就是为了打破冬阴功汤的沉重。

人体是有本能的，当我们闻到身体觉得容易消化的食物时就会感觉很好闻。在冬阴功汤里加上香茅，闻起来就没有那种腻味，能给身体一种“我可以消化”的感觉。

酚类

酚类中的百里酚可以助消化。百里酚在酚类促循环和激励上的特殊表现是促进消化和提升肠道活力。含有百里酚的精油有百里酚百里香精油、印度藏茴香精油。

百里酚百里香和印度藏茴香也是佐料，在炖肉时加一点，能让人觉得更香。

止痛

止痛的芳香分子主要有氧化物、丁香油烃和葎草烯。

氧化物

氧化物里有一种1,8－桉油醇，是蓝胶尤加利的主成分。氧化物通常都可以助消化，但是1,8－桉油醇有一个特性，就是它可以阻碍酒精伤害胃壁。

含有 1,8 – 桉油醇的精油有蓝胶尤加利精油、白千层精油、迷迭香精油、香桃木精油和豆蔻精油。

丁香油烃和葎草烯

丁香油烃和葎草烯都是倍半萜烯的一种。

倍半萜烯有四个主要的疗愈作用，其中之一就是消炎止痛。丁香油烃和葎草烯在倍半萜烯消炎止痛方向上的表现是抗溃疡和保护黏膜，从而减少酒精的伤害。

酒喝多了后胃部会受伤害，丁香油烃类精油的芳香分子可以阻碍酒精伤害胃壁，因此在喝酒之前先涂抹一点在胃部对应的体表区域，胃受到的伤害会大大减小。

含有丁香油烃和葎草烯的精油有古巴香脂、黑胡椒精油、蛇麻草精油等。

丁香油烃和葎草烯的关键词是胃，它们可以保护胃黏膜。如果你喝酒喝多了后胃难受，可以在胃部对应的体表区域涂丁香油烃和葎草烯类精油。

蛇麻草精油是治疗胃疾的精油，胃剧烈疼痛时可以涂它。

黑胡椒精油的关键词是胃，可以保护黏膜。它也是一种香料，可以促进消化，还可以安抚消化道。黑胡椒精油还有双向调节作用，肠道太躁动的时候，它可以安抚肠道；肠道太平静的时候，它会激励肠道。因此，不管是消化不良、腹泻还是胃痛，涂黑胡椒精油都管用。

专题1：使用精油后的各种反应

我平时上课时，被问得最多的一个问题就是对使用精油后的各种反应的疑惑。在本专题中，我给大家解答一下这个问题。

过敏与排毒

精油可以透皮入血，调整身体，这个过程中可能会有一些好转反应，比如排毒反应，也可能会有一些过敏反应。怎么判断是过敏还是好转呢？

过敏一般有两个特征。第一个特征是，精油往哪涂，哪儿就红、肿、痛；不涂精油的地方，就没有红、肿、痛。比如，在腹部肝对应的体表区域涂清肝精油后，其他部位起了好多疹子，发红、疼痛，这种情况一般不属于过敏。如果涂精油的地方起了疹子，才有可能是过敏。但是这两种情况都不是绝对的，因为涂抹部位起疹子也有可能是排毒反应，症状是在好转。这个时候可以再单独涂背后肝对应的体表区域，如果涂抹部位仍然起疹子，出现红、肿、痛，过敏的概率就会更大。

第二个特征是，涂精油后24小时内起了反应、长了疹子，很可能是过敏。若是涂精油后24小时内没有起疹子，但是后来再涂时忽然起了疹子，这种情况一般不是过敏。

是不是过敏，其实没有一个绝对的标准。上面我们讲的两个标准，可以帮助大家判断过敏的可能性有多大。

毒就是身体中存在的有形的或无形的有害物质。比如，涂了能调理女性生理机能的精油之后，有的女性会出现排出血块或排出一些代谢后久存在身体里的液体之后，觉得身体很清爽，下腹部也不痛了。这些排出去的东西就叫毒。毒只是一个泛称，指一切不适合留在身体里的东西。

排毒的方式有很多。比如涂了能调理肝脏的精油之后，皮肤上会起痘，那可能就是身体中有毒素的表现。当然，这也可能是内分泌失调或是单纯的皮肤问题。但是很多人的痘痘都是因为身体里的毒比较多，在涂了清肝精油后，毒需要一个出口排出去，在皮肤上就会表现为长痘。经常有人很疑惑地说："我用精油是为了去痘，怎么痘痘反而更多了？"这其实是一个好的现象，表明正在排毒。当然，如果受不了一时痘太多，可以适量减少清肝精油的用量。

调整

有时候没有排毒反应，但是能感觉到身体变得跟之前不太一样。比如，有人涂了能调理女性生理机能的精油后，本来正常的经期不正常了。这就是身体在调整，因为健康的身体处于一种平衡状态，是有规律的。亚健康状态也是一种"平衡"状态。涂了调理生理机能的精油之后，经期反而变得不规律，可能是之前貌似规律的状态实际上是一种亚健康的"平衡"状态。这种精油能提升生殖系统能量，打破对峙的状态，让身体更健康。这个过程是一个正邪抗争的过程，当继续使用精油，就会正胜邪退，经期变得更规律。

有人担心这种情况是不是精油损害了身体健康。其实这种担心是不必要的，只要精油品质和使用方法没问题，就不会损害身体。验证的方法就是用的时间再长一些，然后观察自己的身体，看是不是越来越健康了。

皮肤不耐受

皮肤不耐受不是过敏，而是精油浓度太高时皮肤会有一些短暂的不适应。比如有人涂了纯露后皮肤刺痛，可能会红，但是不肿，过一段时间就正常了。这种一开始的刺痛可能是因为皮肤缺水，也可能是皮肤对纯露中的活性物质不耐受。我们平时用的护肤品大都只是在表皮层的外层起作用，很难深入到真皮层中，而精油是芳香分子，活跃度非常高，可以深入真皮层起作用。但这种从外界深入真皮层的调理，皮肤容易不适应，因此一开始会有一点痛，或者是起小疙瘩。

解决的方法是降低精油的浓度，待皮肤适应后再改用原来的浓度，这样皮肤就容易适应了。

无效情况

我们不得不承认一件事，就是精油并不是百分之百有效。它在某些人身上可能会有奇效，而在另一些人身上则可能没什么效果。这是个体差异导致的，因为精油能够增强身体某一个方向上的力量，当某个个体在身体这个方向上的力量被精油增强后仍然没能改善问题，这个时候他就会觉得无效。还有一种原因，是其他疾病导致精油不见效。另外，使用精油是需要长时间才能见效的，比如丰胸、减肥、生发等，短时间肯定难以起效。

还有一种觉得无效的，可能是自己对身体觉察的敏感度不够。曾有人反馈，用了调理肝脏的精油之后，很多人见到她都觉得她脸变白了，但她自己没觉得变白。这就属于对身体觉察的敏感度不够，自己没有观察到这种效果。

与精油本意无关的好转

曾经有人涂了促进睫毛生长的精油之后，发现近视有了好转。这类例子还挺多，细细追究，也不是没有可能。因为这类精油里面含有香桃木成分，它可以提升眼睛健康状况，促进睫毛、眉毛生长。眼部皮肤健康状况提升，对于近视确实会有一定的改善作用。

精油的成分非常复杂，人类目前还只能检验出其中一小部分，因此很多时候不知道它有什么新的功效。比如旱芹精油的主要功效是清肝毒，但是有人发现涂了它之后，睡眠得到了很好的改善，而良好的睡眠又有助于清肝毒。因此，为了一个目的而配的精油产品，不仅会加强在这个方向上的力量，有时候也会同时解决其他部位的一些问题。

生活习惯

曾有人问我："一开始涂调理肝脏的精油，脸变白了，继续涂一段时间后，脸又变黄了，是怎么回事？"还有人问："用了调节睡眠的精油，一开始能很快入睡，但用久了之后，好像效果就没有那么强了，是什么原因？"

这些大都跟生活习惯有关。我们需要改善的问题往往都缘于我们的不良生活习惯。比如脸不够白皙红润，可能是因为总熬夜。涂了调理肝脏的油之后，可以加强肝解毒而使脸变白，但是也要改变睡眠习惯，这样才容易维持效果。如果没有改变生活习惯，甚至熬夜更厉害，使用精油的效果也会打折。

此外，就算涂了精油，体内的毒素也不可能立刻排除，而且还会有新的毒素产生。从亚健康走向健康不会是一条直线，但是只要用了精油，在精油的作用下，总的趋势还是会越来越健康的。

第2章

精油解除各种健康烦恼

调节激素，魅力由内而外

雌激素对于女性来说非常重要，它是使一个女人具有女性特征的激素，女人的美丽、皮肤细腻，以及各种女性特征等都靠它。雌激素缺乏，女人的皮肤会变得粗糙，胸会变平，而且还容易身体干燥，有橘皮样组织，也容易有痛经、不孕、乳房纤维囊肿、多囊卵巢囊肿等问题。

雌激素缺乏，女人还会老得很快。女人在绝经之后通常会迅速衰老，就是因为绝经之后雌激素水平大幅度下降。因此，在更年期烦躁不安的时候补充类雌激素非常重要，它可以帮助女人实现更年期的平稳过渡，还可以减缓因雌激素大幅下降而引起的迅速衰老。

通常来说，如果出现月经周期在 30 天以上，月经量少，经血颜色比较深等情况，就可能是雌激素水平偏低。

对雌激素有促进作用的精油主要有鼠尾草精油、洋茴香精油和双醇类精油。

鼠尾草：激励脑垂体释放卵泡刺激素

多囊卵巢囊肿是一种常见的女性疾病，它与雌激素的分泌有很大的关

系。卵巢分泌雌激素靠的是垂体，垂体会分泌卵泡刺激素，卵巢接收到卵泡刺激素后就开始分泌雌激素。当体内雌激素少时，垂体就会分泌过多的卵泡刺激素给卵巢，卵巢就会分泌过多的卵子，卵子分泌多了又排不出去，就会导致多囊卵巢囊肿。因此，多卵巢囊肿不是雌激素过多导致而是雌激素过少的结果。

对于雌激素减少的情况，可以用精油来调节，一个很好的精油就是鼠尾草精油。鼠尾草精油补充类激素的方式是刺激脑垂体释放卵泡刺激素。但是如果雌激素少到已经有了多囊卵巢囊肿，就不要用鼠尾草精油，因为垂体已经释放了过多的卵泡刺激素，再刺激垂体就会释放更多的 FSH（促卵泡生成激素），加重囊肿。

使用鼠尾草精油最好的方式是香熏。

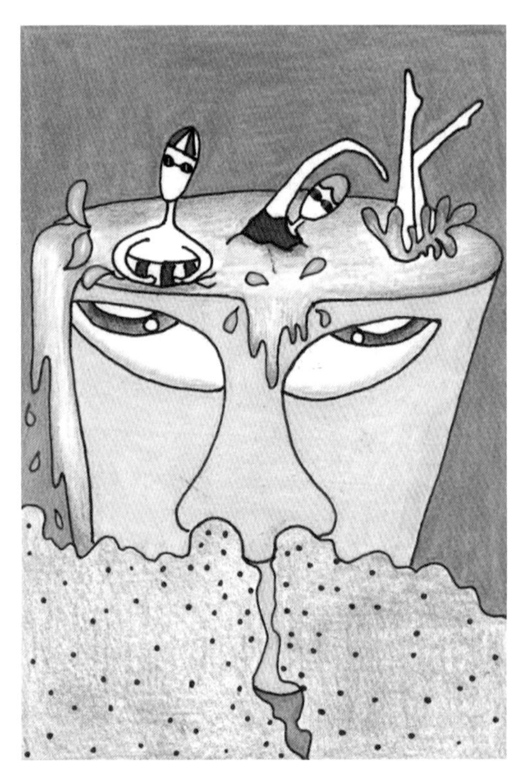

活跃的垂体释放 FSH

洋茴香脑：激励乳腺

洋茴香脑类精油，如洋茴香精油、甜茴香精油、丝柏精油、快乐鼠尾草精油等都有类激素作用，但是它们作用的部位不太一样，有的作用部位是乳腺，有的是卵巢。如果目的是丰胸，可以用洋茴香精油和甜茴香精油作为主成分，用快乐鼠尾草精油和丝柏精油这种激励卵巢从而间接激励乳腺的精油作为辅助，再加上一点含有左旋香芹酮的绿薄荷精油。左旋香芹酮可以疏通乳腺，这样在丰胸的时候也可以保持乳腺畅通。

疏通乳腺、健康胸部

左旋香芹酮和洋茴香脑的区别

左旋香芹酮对全身所有的腺体都有帮助，其中也包括乳腺，它更多的是通过疏通乳腺来帮助丰胸。含有左旋香芹酮的精油是绿薄荷精油。洋茴香脑专门作用于乳腺，是作为类雌激素来实现丰胸的。

有些人用左旋香芹酮作为主成分的精油丰胸，会发现胸没有变大而是变挺了，同时乳房结节变少了。可见左旋香芹酮并没有类似激素那种让胸变大的力量，但是它可以疏通乳腺，使乳房变得更健康。

双醇（快乐鼠尾草、丝柏）：激励卵巢

快乐鼠尾草含有的双醇叫快乐醇，丝柏含有的双醇叫冷杉醇。这两种特殊的双醇使得快乐鼠尾草精油和丝柏精油成为含有植物性类雌激素的精油。

快乐醇和冷杉醇作用的部位都是卵巢，因此对丰胸所起的作用是间接的，而对激励卵巢有直接的作用。在用快乐鼠尾草精油和丝柏精油来补充类雌激素的时候，可以把它们涂在下腹部和尾椎等靠近卵巢的部位。

清除湿热，让身体不再沉重

能够清除湿热的芳香分子主要是1,8－桉油醇，广藿香也有一些功效。

1,8－桉油醇

1,8－桉油醇虽然叫醇，但却是氧化物的一种。氧化物具有风一般的力量，这种力量对于祛除体内湿气是很有帮助的，尤其适合长夏季节使用。

什么是长夏？中医把一年分为五个季节，在夏和秋之间加了一个长夏。这五个季节对应着五行中的木、火、土、金、水。长夏属土，对应五脏中的脾，脾容易为湿热所侵扰，因此长夏季节要注意除湿养脾。

1,8－桉油醇在除湿方面较显著的作用是祛痰。中医讲痰湿，痰就是湿的一种明显表现。1,8－桉油醇可以促进纤毛的摆动，纤毛摆动就能把痰往上运，通过这种方式把痰排出来。

含有1,8－桉油醇的精油有蓝胶尤加利精油、绿花白千层精油、桉油醇迷迭香精油、香桃木精油和豆蔻精油等。尤其是蓝胶尤加利精油除湿排痰效果最好。1,8－桉油醇的关键词是干，作用就像一阵大干风。我曾配过一款除湿油，主要成分就是蓝胶尤加利精油，效果非常明显。

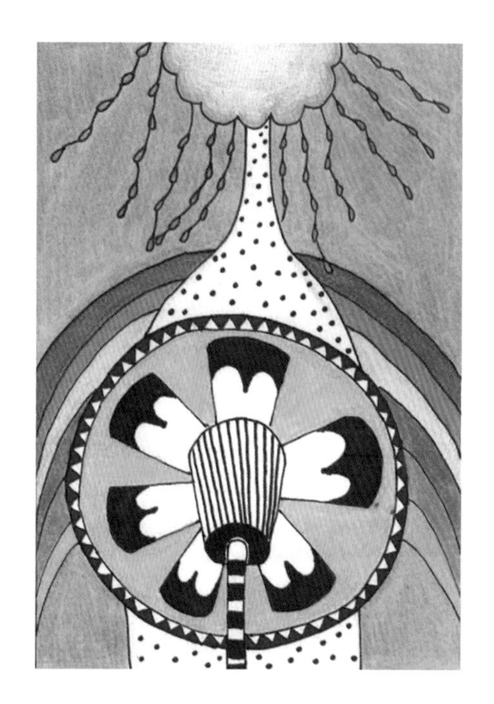

1,8－桉油醇就像一阵大干风，能吹干体内湿气

广藿香

广藿香中没有除湿的成分，但是从中医的角度来讲，广藿香是可以帮助除湿的。广藿香醇的关键词是心。广藿香精油是很好的强心精油，可以抗心律失常，舒缓心脏跳动，降血压。按照中医五行理论，心生脾，心的力量强大了，就有助于脾的运化，能保证身体不受湿的困扰。从这个意义上讲，广藿香精油也算是一款除湿精油。

从中医角度看精油功效是一种理解精油的好方法。前面说过的蓝胶尤加利精油祛痰、顺畅呼吸效果很好，但这是1,8－桉油醇的共性，而不是蓝胶尤加利精油的特性，为什么却要首选它呢？从五行角度看，心生脾，脾生肺，脾好肺就好，肺好呼吸系统就好。蓝胶尤加利精油能助脾，脾运化水湿，痰没了，呼吸自然就畅通了。调配精油时从中医角度来综合考虑，思路就会大大拓宽。

杀菌消炎，远离病毒侵扰

很多精油都有抗菌功效，那么在具体使用时该怎么选呢？这里我结合不同的类别来做一个简要的分析。

酚

抗菌力最强的就是酚和芳香醛，它们是芳香分子中的战神家族。酚分为百里酚、香芹酚和丁香酚，它们分别是战神家族中的小孩、男人和女人。

百里酚杀菌消炎力非常强，含有百里酚的精油有百里酚百里香精油和印度藏茴香精油。因为百里酚是战神家族中的小孩，所以百里酚百里香精油很适合给小孩子杀菌消炎使用。香

击溃病毒，消炎杀菌，守护健康

芹酚几乎是芳香分子中杀菌消炎力最强的。当用其他的精油都无济于事时，就可以用香芹酚类精油。含有香芹酚的精油有冬季香薄荷精油和多苞叶尤加利精油。其中，多苞叶尤加利精油更适合生殖泌尿系统的抗菌。

丁香酚是酚类家族中的女人，除了抗菌，它还可以抗发炎型经痛，促进子宫收缩。含有丁香酚的精油有丁香精油、神圣罗勒精油和肉豆蔻精油。

酚类精油的抗菌力量如此强大，当用了别的精油都效果微弱的时候，就可以考虑用酚类精油。

但要注意的是，酚类精油会对肝造成压力，使用的时候需要权衡利弊。

芳香醛里的肉桂醛杀菌消炎力在所有芳香分子中排名第一，比酚类更强，能抵抗病菌、真菌、病毒，但它对皮肤的刺激非常大。如果皮肤耐受力强，使用酚类又不管用时，也可以试试肉桂醛类精油，但浓度要很低。酚类精油浓度通常要小于1%，肉桂醛类精油浓度则要更低。含有肉桂醛的精油有中国肉桂精油、锡兰肉桂精油。

醇

醇也有杀菌消炎的作用，但没有酚那么强，它的优势是有双向调节作用。当免疫力不够时它可以激发免疫力，当免疫力过亢时它可以安抚免疫力。因此，醇既能抗菌，又能抗过敏，还能调节免疫力。自体免疫性疾病可以用醇类来调节。

醇分为一级醇、二级醇和三级醇。一级醇有牻牛儿醇、橙花醇和香茅醇，杀菌、消炎力最强。

含有牻牛儿醇的精油有玫瑰草精油、蜂香薄荷精油。玫瑰草精油和蜂

调节免疫力，抵抗外敌

香薄荷精油可以用于带状疱疹。

含有橙花醇的精油有玫瑰精油、印蒿精油和香蜂草精油。

含有香茅醇的精油有玫瑰精油、波旁天竺葵精油。

二级醇有龙脑和薄荷脑，龙脑的代表精油有龙脑百里香精油、土木香精油、阿密茴精油、道格拉斯冷杉精油。薄荷脑的代表精油有胡椒薄荷精油、绿薄荷精油、波旁天竺葵精油。二级醇的杀菌、抗病毒能力介于一级醇和三级醇之间。

三级醇有沉香醇、萜品烯四醇。三级醇杀菌消炎力弱，但它有两个优势：一是一级醇善于杀病菌但不太善于杀真菌和病毒，而三级醇善于杀病菌、真菌和病毒，对三者都能起作用；二是三级醇杀菌的作用比较温和，比如茶树精油能杀菌，消炎温和，因为它含有萜品烯四醇这个三级醇。

含有萜品烯四醇的精油有茶树精油、马郁兰精油、薄荷尤加利精油和肉豆蔻精油。

含有沉香醇的精油有芳樟精油、橙花精油、芫荽精油和沉香醇百里香精油。沉香醇百里香精油很适合用于给小孩杀菌消炎，就是因为它含有温和的三级醇沉香醇。

醛

醛的抗菌性又比醇弱一些，但它比较善于抗真菌和病毒。醛分为柠檬醛和香茅醛。

柠檬醛有牻牛儿醛、橙花醛，擅于抗链球菌和念珠菌，擅于抗的病毒是疱疹病毒。

香茅醛在驱虫方面效果显著，都说柠檬草可以驱蚊，其实香茅更能驱蚊，因为香茅里的香茅醛更多一些。

氧化物、芳香酸、甲基醚蒌叶酚、佛手柑内酯、大西洋酮

这里把氧化物、芳香酸、甲基醚蒌叶酚、佛手柑内酯、大西洋酮等芳香分子都归在一起，是因为它们都不太常用。虽然不常用，但它们也各有各的特色。

氧化物

氧化物在抗菌方面很擅于抗呼吸道病菌，还可以畅通呼吸道。

芳香酸

芳香酸有防腐、抗菌的力量，安息香、秘鲁香脂里都含有安息香酸。

芳香酸含有苯环，难以代谢，也比较稳定，古埃及人制作木乃伊时很可能就用到了安息香精油，因为这种精油非常黏稠，不容易挥发，能够使尸体经久不腐。

甲基醚蒌叶酚

甲基醚蒌叶酚是醚类的一种，擅长抗肝炎病毒。

含有甲基醚蒌叶酚的精油有热带罗勒精油、甜罗勒精油。

佛手柑内酯

佛手柑内酯也被称为香柑油内酯，擅长抗微生物。含有佛手柑内酯的精油有莱姆精油。

大西洋酮

大西洋酮擅长抗真菌。一般来说，对于脚气通常会用茶树精油，但如果是有多年的脚气，就需要往茶树精油里面加一些含有大西洋酮的精油。因为大西洋酮是一种倍半萜酮，倍半萜类比较适合调理慢性病，而且抗真菌的效果也一流。

含有大西洋酮的精油有大西洋雪松精油、喜马拉雅雪松精油、姜黄精油和郁金精油。

抗过敏，一身舒爽

酯类：安抚

酯类是一类具有安抚力量的芳香分子。酯类分为许多种，每一种酯的安抚部位都不一样。

酯是由酸和醇化合而成的，因此酯在哪个方向上安抚取决于醇在哪个方向上起作用。乙酸沉香酯安抚的是沉香醇作用的方向——神经系统，含有乙酸沉香酯的精油有薰衣草精油、快乐鼠尾草精油、苦橙叶精油。乙酸龙脑酯安抚的是龙脑醇作用的方向——心肺区，含有乙酸龙脑酯的精油有胶冷杉精油、黑云杉精油、西伯利亚冷杉精油。乙酸牻牛儿酯安抚的是牻牛儿醇作用的方向——肌肉，含有乙酸牻牛儿酯的精油有玫瑰草精油、柠檬细籽精油、柠檬草精油、马郁兰精油、依兰精油等。乙酸橙花酯安抚的是橙花醇的作用方向——心和血管，含有乙酸橙花酯的精油有永久花精油、香蜂草精油、柠檬马鞭草精油。乙酸萜品酯安抚的是消化道和呼吸道，含有乙酸萜品酯的精油有豆蔻精油、月桂精油。

酯有很多种，每一种酯都能安抚全身各个部位，上面列举的这些方向

◀相应的酯类安抚相应的伤

只是说它更擅长。因此，我们在过敏的时候使用哪种精油需要看这个过敏表现在什么地方，然后选相应的酯类去安抚。

苯基酯是一种比较强大的酯类，它的安抚力量比上文说的那几种酯都强，而且能够安抚全身。常见的苯基酯有苯甲酸甲酯、水杨酸甲酯、邻氨基苯甲酸甲酯三种。含有苯基酯的精油有依兰精油、白珠树精油、橘叶精油和苦橙叶精油。

用来安抚过敏的精油使用浓度不能太高，一开始可选 0.2% 以下，因为身体此时已经草木皆兵，很容易把一切都视作敌人，如果精油浓度太高，可能会加剧这种过敏反应。

单萜醛和单萜醇：调节免疫力

过敏反应虽然可以用酯来安抚，但是过敏反应的本质还是因为免疫力失调，需要从根本上调整。

过敏在法系三角形图的疾病分类上属于发炎类。图形提示我们可以使用单萜醇、单萜醛、单萜酮，其中单萜醛和单萜醇用于过敏是比较有效的。

单萜醛分为柠檬醛和香茅醛，它们都有单萜醛的共性——提振和安抚神经系统及免疫系统。它们是提振还是安抚，取决于浓度——浓度高时会提振，浓度低时会安抚。因此，用单萜醛类处理过敏症状，可以把浓度降到 1% 或以下。

含有单萜醛的精油有香蜂草精油、柠檬马鞭草精油、柠檬草精油和柠檬尤加利精油。

单萜醇分为一级醇、二级醇和三级醇，几级取决于它上面有几个羟基。一级醇杀菌能力非常强，如牻牛儿醇、橙花醇、香茅醇，二级醇和三级醇则更擅长调节免疫系统。沉香醇是三级醇中的一种，抗菌力温和不刺激。含有沉香醇的精油有芳樟精油、橙花精油、芫荽精油、沉香醇百里香精油。

安抚过亢的免疫系统

单萜醇对过敏有一个独特的力量，就是它可以补肾暖身。身体越弱的人就越容易过敏，单萜醇除了调节免疫力，还可以补肾暖身而强壮身体力量，从本源处让人不容易过敏。

甲基醚蒌叶酚和倍半萜烯：扫除受体上的无用信息

神经上面有受体，受体接收到其他组织传递给它的神经传导信号之后

▲ 抵抗过敏，清除无用信息

就会发挥作用。比如环境有变化或是吃了不洁净的食物，可能受体就会接收到其他组织传来的信息，然后传达给身体，身体就会启动免疫系统。

神经传导物质在传导完这个信息以后，会脱离受体而不再起作用，但是有时受体会积累很多没有脱离的无用信息，这样就会导致一个问题：明明环境没有变化，没有吃进坏东西，但是因为受体上还积累有这种信息，它就会持续地给身体传达信息，身体就一直启动免疫系统。这个时候就会产生过敏。

清除受体上的无用信息，可以用含有甲基醚蒌叶酚和倍半萜烯的精油。

甲基醚蒌叶酚是醚类的一种芳香分子，含有甲基醚蒌叶酚的精油有热带罗勒精油、甜罗勒精油和龙艾精油。

常见的倍半萜烯类芳香分子有丁香油烃、葎草烯、天蓝烃和金合欢烯。含有丁香油烃或葎草烯的精油有古巴香脂精油、黑胡椒精油、蛇麻草精油。含有天蓝烃的精油有南木蒿精油、西洋蓍草精油、德国洋甘菊精油、岩兰草精油和蓝丝柏精油。罗马洋甘菊精油偏重于安抚；德国洋甘菊精油偏重于提升内在的力量，让人强壮，不怕过敏。

西洋蓍草精油和南木蒿精油可以抗过敏，是因为它们含有天蓝烃。天蓝烃除了有消除炎症，尤其是有消除热性炎症的作用，还有镇静神经、清除受体上无用信息的作用。

需要再次提醒的是，皮肤过敏的时候，使用精油的浓度一定要低，建议不超过1%。前面说到的单萜醇的浓度可以到3%，那不是皮肤过敏而是身体过敏的时候，取它补肾暖身的力量，因此浓度可以稍高一些，但也只能涂在背部，不能涂在脸上。

改善失眠，让每一天精力充沛

如今，失眠的人越来越多，很多人向我咨询怎么用精油改善失眠。失眠的原因太复杂了，医学上到现在还没有定论，但是芳香疗法可以从下面这几个方向来改善失眠。

酯分为萜烯酯、苯基酯和内酯。

萜烯酯是由乙酸和醇化合而成，酯安抚哪个方向取决于醇。对调整失眠有效的是乙酸沉香酯，它是由乙酸和沉香醇化合而成，沉香醇可以抗焦虑，因此乙酸沉香酯安抚的就是神经系统。含有乙酸沉香酯的精油有薰衣草精油、苦橙叶精油、佛手柑精油。

常见的苯基酯有苯甲酸苄酯、水杨酸甲酯、邻氨基苯甲酸甲酯，它们都有七个碳酸原子，是由皇后酸和醇化合而成的酯。皇后酸的力量非常强大，我们不用考虑醇在哪个方向上起作用，因为它在各个方向都有极大的安抚力量。

尤其是邻氨基苯甲酸甲酯，比其他苯基酯多了一个镇静中枢神经的作用，这可能是源于它含有邻氨基。在芳香分子中有含硫化合物和含氮化合物，含硫化合物能给人一种轻快感，而含氮化合物会给人一种安抚稳定感。邻氨基苯甲酸甲酯中的这个邻氨基就是一种含氮化合物，它是所有苯基酯中对神经镇静最有独特效果的一种苯基酯。

含有邻氨基苯甲酸甲酯的精油有橘叶精油、苦橙叶精油和阿拉伯茉莉精油。我曾配过一款助眠精油，就是以橘叶精油作为主成分，配以苦橙叶精油，用的便是其中所含有的邻氨基苯甲酸甲酯，效果不错。常见的精油中，橘叶精油含有的邻氨基苯甲酸甲酯比苦橙叶精油含有的还多一些，二者结合更能发挥出邻氨基苯甲酸甲酯对神经的强大安抚作用。

酯除了萜烯酯和苯基酯，还有内酯。我曾配过一款清肝毒的精油，其主成分是呋喃内酯（内酯的一种），用的是圆叶当归精油和芹菜精油。呋喃内酯除了可以帮助肝清理毒素，还有一个力量是镇静神经。有人涂了清肝的精油之后会睡得特别香，这一方面是肝在排毒，需要睡觉，另一方面是呋喃内酯有镇静神经的作用，尤其是呋喃内酯中的瑟丹内酯对神经有强镇静作用。芹菜精油中就含有瑟丹内酯。

内酯中还包括香豆素。香豆素能给人一种安抚的力量，可以降低中枢神经反射的兴奋性，在前面已讲过。含有香豆素的精油有零陵香豆精油、中国肉桂精油和葡萄柚精油。

醚

醚的安抚原理和酯不太一样，酯的安抚是让人的精神和身体放松下来，但意识是很清晰的，因此薰衣草也可以在学习的时候闻，它不会使你犯困，只会使你极度放松。但是醚类精油就不能在学习的时候闻，因为醚会令人迷醉。

如果说酯的安抚力好像是你在湖边喝茶，身心特别放松，太阳暖暖的，还有微风吹着，那么醚的安抚力就好像是你在海边喝酒，然后进入一种迷醉状态，因为是在海边，所以意识和精神能进入一个广阔的空间。

常见的醚类芳香分子有甲基醚蒌叶酚、洋茴香脑、肉豆蔻醚、芹菜醚等。芹菜醚因为有四个醚基，神经毒性很强，平时不常用，在面临精神崩溃的时候可以用一点，但一定要非常谨慎。

肉豆蔻醚也不常用于失眠，因为它有三个醚基，也有神经毒性，而且它可以催情和促进脑内多巴胺的分泌，会让人更加睡不着。

洋茴香脑是一种类雌激素，也是醚的一种，因此它能展现出醚的力量，使人容易睡着。含有洋茴香脑的精油有洋茴香精油和甜茴香精油。

甲基醚蒌叶酚则是平时比较常用的可以安抚睡眠的成分，它有一股茴香味。含有甲基醚蒌叶酚的精油有热带罗勒精油、甜罗勒精油。

倍半萜烯

倍半萜烯类精油也能助眠，它主要从更深层次的心理层面起作用。

很多时候，人夜晚失眠都与白天情绪上的淤积有关，在白天不敢发作，压抑着，或者是受了委屈不敢还口。到了晚上，内心沉浸在懊悔和不甘心的情绪中，一遍一遍地回演白天那些难受的情景，难以入睡。

因此从根本上来看，造成失眠是因为没有勇敢地、真实地做自己。要想解决这种类型的失眠问题，需要从内在进行调理。能帮助我们勇敢做自己的成分就是倍半萜烯。

含有倍半萜烯的代表精油是雪松精油。雪松精油含有倍半萜酮、倍半萜烯、倍半萜醇。倍半萜烯的本质力量是认识自己，因此雪松精油能让人勇敢地做自己。

雪松是一种勇敢地向上生长的笔直的树，而且长得很快。当一种植物

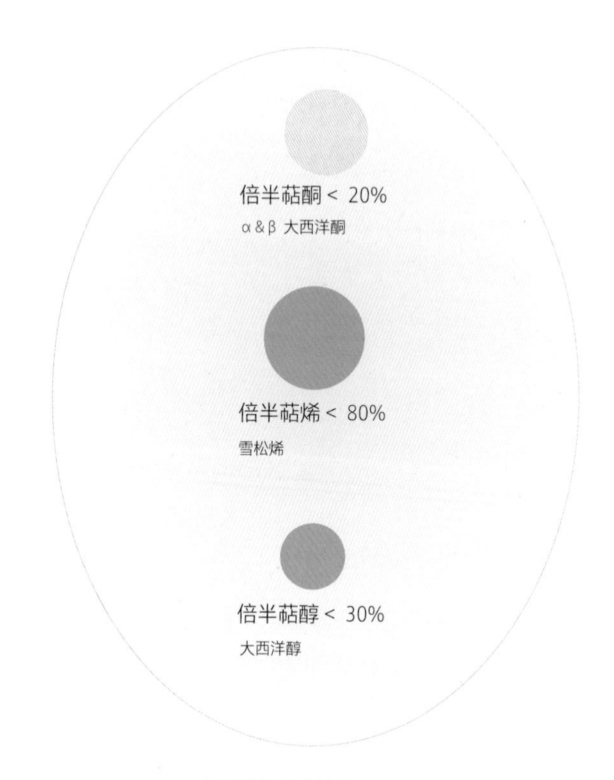

大西洋雪松精油蛋形图

勇敢做自己的时候，它就会长得很直，不拧巴，长得快，长得雄壮。

什么叫勇敢做自己？当你鼓起勇气做你自己的时候，这不叫勇敢做自己，这只是勇敢做自己的开始；当你已经忘了自己在鼓起勇气做自己，这个时候才是真正勇敢地做自己。

这个时候你并不是在和外界的不同声音对抗，而是你觉得你就是这个样子的，你都不觉得有必要去对抗，你会忘记这种对抗。这个时候你不是风中的一棵小树苗，而是云淡风轻时向着天空生长的一棵雄壮的雪松。

用雪松精油涂脚底可以引梦，先梦见自己想做而不敢做的事，然后在现实生活中鼓起勇气做自己。随着使用雪松精油时间的增长，你在现实中就敢做以前想做而不敢做的一些事了。

雪松精油的三大化学成分倍半萜酮、倍半萜醇、倍半萜烯，从蛋形图上看都是关乎内心的。倍半萜酮、倍半萜烯、倍半萜醇的力量依次是原谅自己、认识自己和爱自己，其中认识自己的倍半萜烯在最中间，它是这三种成分的核心，因为你认识了自己是什么样的，你得靠原谅自己来达成，你认识了自己，你也会原谅之前的自己，然后你必然会爱自己，同时让别人也爱你。

当你吸取了雪松的力量，达到那种状态的时候，你自己的人生状态、你和世界相处的方式，以及你的生命就会变得无比真实起来，你和整个世界就会和谐共振，这个时候你就不会再失眠。

倍半萜醇

倍半萜醇中的岩兰草醇也能助眠。有时候失眠是缺氧导致的，岩兰草醇可以增加血液中红细胞的数量和每个红细胞的带氧量。

人睡不着觉时心率会下降，呼吸会下降，导致血液流动速度也下降，这时有些器官可能就会缺血。白天血流得快时缺血表现没那么明显，但是到了夜晚代谢变慢了，缺血表现就会明显起来。这时候身体给大脑的信号会是：别睡，再坚持一会儿。岩兰草精油增强了红细胞的数量和每个红细胞的带氧量，因此人即使是睡着了，血液流速减缓了，但是因为含氧量高了，这些器官也不会缺血，这样身体就会允许精神入睡。

提升性欲，感受美妙

性满足感对于人生非常重要。所有的满足感都有一个共同的特点，就是可以让人忘我、忘记时间。忘我和忘记时间其实是一个点——你在忘我的那一刻就会忘记时间，你已不在时间之中；你在忘记时间的那一刻就会忘我，你也不在小我之中。精油可以帮助大家达到这种状态，具有这种功效的芳香分子有月桂烯、香芹酚和肉豆蔻醚，它们作用的方向不太一样。

月桂烯

月桂烯是一种单萜烯，也叫香叶烯，它的关键词是醉，在表达单萜烯补气方向上的力量是催情，这个催情是一种让你有身体感的状态；在表达单萜烯抗感染方向上的力量是抗癌；在表达单萜烯消炎止痛方向上的力量是止神经痛。

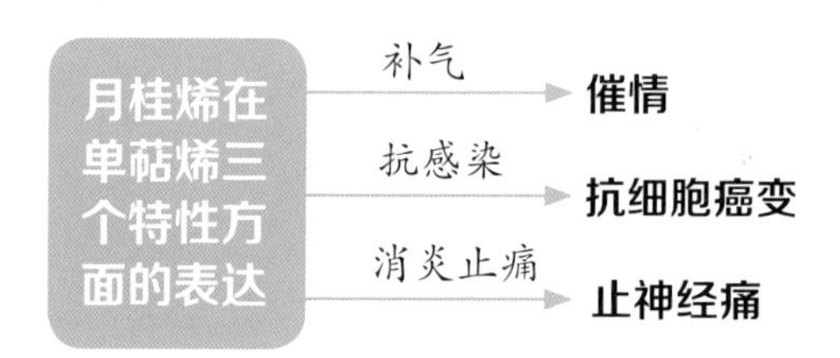

关心肉体，放松精神

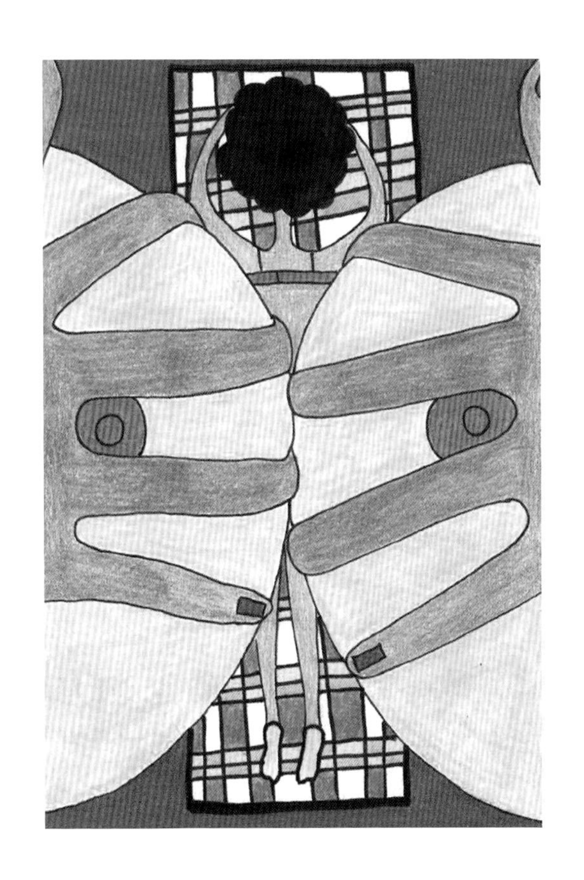

使用月桂烯的效果就好像一个人在海边躺着度假时的感觉——他看着周围同样穿着泳衣的男男女女在海里游泳，或者是在沙滩上玩耍，暖阳照着他的身体，他可能还喝着一杯果汁或鸡尾酒，这个时候他有机会关注到自己的身体。可能一周之前，他还在一家大公司忙碌。人在工作的时候很难关注到自己的身体，因为你的精神已经被工作的压力、老板的期盼和自己奋斗的动力占满了，这个时候你无暇关注自己的身体，但是在度假的时候就有了这样的机会。

因此，月桂烯的催情方式就是让你关注到自己的身体。人的身体都是有性本能的，当你拒绝自己的身体或是你的思想和身体脱节的时候，比如忙于工作时，你的性本能是很难被你的思想调动出来的，月桂烯能帮助你达到那种可以感受身体的状态，这个时候你的性本能就会释放出来。

含有月桂烯的精油有柠檬草精油和蛇麻草精油。

香芹酚

香芹酚是酚类的一种，它在表达酚类促循环和激励这个方向上的力量是可以提升肌肉力量和提升男性性能力。

酚是杀菌消炎的战神，香芹酚是这个战神家族中的男人，因此它是一个很厉害的杀菌消炎的角色。香芹酚还可以使女性在性生活过程中的分泌物变多，提升女性性欲。因此，男女都可以用香芹酚。

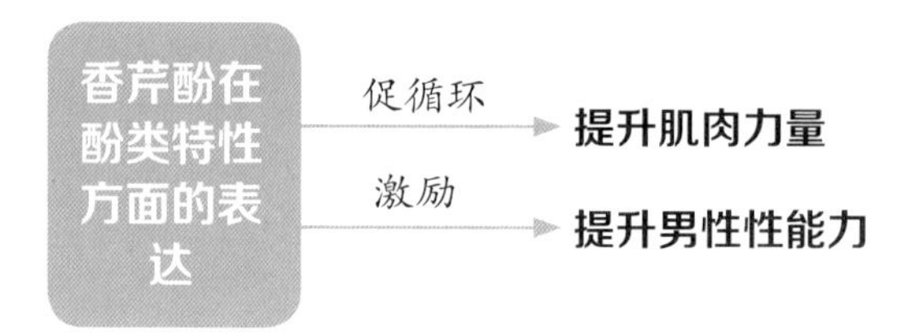

肉豆蔻醚

肉豆蔻醚是醚类的一种，它在表达醚类安抚神经和兴奋神经方向的力量是可以催情和促进脑内多巴胺分泌。肉豆蔻醚适合女人用，它可以给人一种迷醉感，涂了它之后，你会觉得飘然欲仙，有一种让人的意识脱离时空的束缚而往上飘的力量。含有肉豆蔻醚的精油主要是肉豆蔻精油。

调整内分泌，让身体焕然新生

女性内分泌周期

在女性内分泌周期中有两种激素特别重要，一种是雌激素，另一种是黄体酮。张爱玲有本小说叫《红玫瑰与白玫瑰》，里面有一句话说："一个人的生命中有两个女人，一个是圣洁的妻子，一个是热烈的情妇。"雌激素就像是热烈的情妇，黄体酮就像是圣洁的妻子。因为它俩的力量是不一样的，在热烈的情妇——雌激素掌权时期，一个卵子会生成，然后越长越大，一心盼着受精成为受精卵，这个就是生理周期的前半段，大概是 14 天。生理周期的后半段则是圣洁的妻子——黄体酮掌权的时期，在这个阶段，身体会假设这个卵子已经受精，整个状况变得安静下来，然后子宫内壁会不断地增厚，为了给受精卵一个安全的环境。这两段的中间是排卵期，就是卵子已经生成并排出，可以受精了。

如果这个卵子没有受精，在生理周期的后半段，身体仍然在黄体酮的作用下给卵子营造了一个安全的家，到最后发现没受精，它就会悲伤地把这一切全部剥落排除，这就是月经形成的过程。

黄体酮和雌激素忙碌运作，只为受精提供适宜的环境

肝脏对内分泌的重要作用

雌激素和黄体酮虽然是由卵巢分泌的，但是卵巢受控于脑垂体，脑垂体就像是全身所有腺体的总司令。卵巢什么时候分泌雌激素，分泌多少，什么时候分泌黄体酮，分泌多少，都是由脑垂体控制的。

但是在这个过程中，我们不能忽略另外一个器官，那就是肝脏。肝脏在女性内分泌周期中起着至关重要的作用，因为肝脏有一个功能，那就是可以把激素灭活。在脑垂体和卵巢之间传信号的是激素，它在信号传到之后就会被肝脏灭活杀掉，否则它会不断地传信号，这会让卵巢不停地排出卵子，最后就可能形成多囊卵巢囊肿。因此，在调节女性内分泌的时候，需要在生殖系统和肝脏两个方面同时发力。

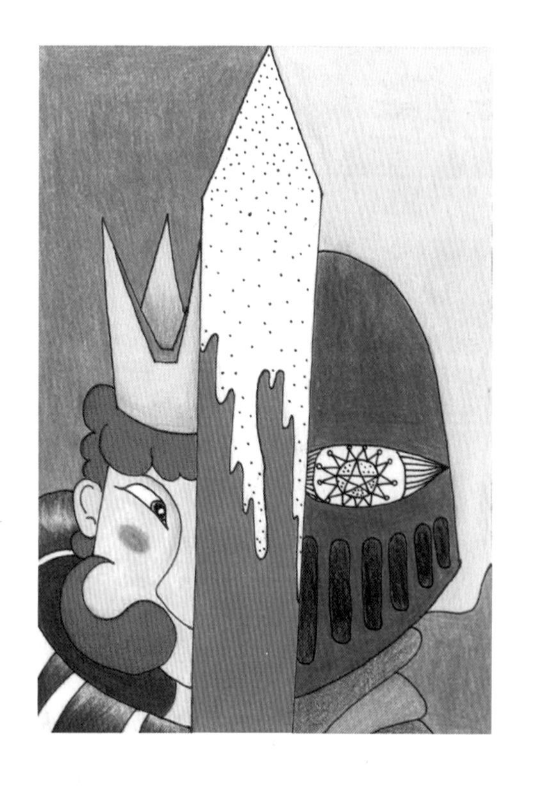

肝脏清除无用的信息

更年期女性可用精油补充类雌激素

更年期女性雌激素急剧下降，人会变得不适应，容易出现各种各样的问题。雌激素水平低，人也容易老得快。这个阶段用精油补充类雌激素是一种安全的方式。

调节雌激素的精油，我们通常会用玫瑰草精油作为主成分，天竺葵精油作为副将去调配。有些绝经多年的更年期女性用了这种精油之后，月经又来了。还有些女性在用了之后会排出很多脏东西或是大血块，就是因为女性生殖系统的力量在提升，她们的生理状况正在变得健康。

用植物性类雌激素是一种很安全的方式，因为植物是有智慧的。如果补充植物性类雌激素补到身体已经不需要更多的雌激素时，类雌激素就会停止效用，直到不需要的时候。类雌激素即使是存在于身体中，也不会发挥雌激素的作用。

含有类雌激素的精油有丝柏精油、快乐鼠尾草精油和甜茴香精油。

以上三种精油可以稀释到5%左右的浓度，每天涂抹后背和小腹，可以透皮入血，调节雌激素。

调节女性内分泌的精油

调节女性内分泌，关键是提升女性生殖系统能量，首选的芳香分子是牻牛儿醇。

牻牛儿醇类精油提升女性生殖系统的力量可能有些过猛，有一点刀锋太锐的感觉，可以加上一点天竺葵精油，因为天竺葵精油的力量是平衡，可以在提升的过程中平衡牻牛儿醇的力量，让这种力量变和谐。

含有牻牛儿醇的精油有玫瑰草精油和蜂香薄荷精油。

▲正常的女性生理周期与月亮周期同步

延缓衰老，美丽可以更持久

生命的衰老是一个不可抗拒的过程

很多人都希望生命完美，但是生命的完美首先来自你应该接受它的不完美。这个不完美，就是不管怎么样，你的生命本身都是在慢慢衰老、慢慢褪色。在我们生活的三维空间中，生命的衰老是一个不可抗拒、不可逆转的过程。

虽然生命的衰老是一个不可抗拒的过程，但是可以延缓。生命就像是一块电池，身体机能越流畅、越和谐，耗电就越少，这样电池的使用时间就会越长。我们使用精油，就是通过为身体加入芳香分子的力量，让寿命得到延长。

可以延缓皮肤衰老的芳香分子和精油

我很少配制抗皮肤衰老的精油，因为我之前对这个方向不太有信心，直到有一天我用乳香配了一款面霜，有人用了之后说她的法令纹变浅了。

◀ 身体就像一块电池，衰老是必然的

这让我开始思考为什么乳香面霜会有这样的作用。后来我发现是里面的金合欢醇在起作用，因为金合欢醇可以提升皮肤的弹性。

随着岁月的流逝，人体真皮层的胶原蛋白会流失，用普通的护肤品来补充作用非常小，因为只有分子量小于 500 单位的分子才可以穿透表皮层进入真皮层，而胶原蛋白是大分子，最小的胶原蛋白分子量也大于 1000 单位，它们根本无法进入真皮层。

但是，精油芳香分子可以透皮入血到真皮层，起到补养身体、延缓衰老的作用，从乳香面霜的例子就看得出来。随着年龄的增长，人体的肌肉下垂、脸下垂、法令纹变得越来越深，这本来是一件难以改善的事情，但是当金合欢醇这种倍半萜醇的芳香分子进入身体，就可以提升皮肤弹性，使皮肤变得紧致，之后法令纹就会因为提拉而变浅。

时间终会带走青春，芳香分子和精油只能延缓衰老，无法让青春永驻 ▶

含有金合欢醇的精油有依兰精油、罗马洋甘菊精油和柠檬草精油。

另一种能延缓皮肤衰老的芳香分子是香茅醇，它可以平衡皮肤的油水，还可以促进表面微循环、阻碍毛细血管破裂，进而防止皮肤产生红血丝。但是与金合欢醇相比，香茅醇的作用只能算是保养。金合欢醇具有提升皮肤弹性的作用，注定了它是一种可以抗衰老的芳香分子。

含有香茅醇的精油有波旁天竺葵精油和玫瑰精油。

玫瑰精油可谓是护肤圣品，它既含有香茅醇，又含有金合欢醇，这两个方向上的力量互长互助，能让皮肤达到一个自然和谐的状态。

气足了，生命才会旺盛

衰老的本质是人整体的生命力在减退，因此抗衰老的关键还是要增强生命之气。

能增强生命之气的芳香分子首推单萜烯类，不同种类的单萜烯补气的方向不同。欧洲赤松精油可以激发人的生命力在当下的展现。比如面对危险的时候，是对抗还是逃跑，取决于肾上腺素的分泌。欧洲赤松精油激励身体的作用就类似肾上腺素，它能把人的生命力在当下展现出来。欧洲冷杉精油则有一种积攒生命力的作用。黑云杉精油兼有欧洲赤松精油和欧洲冷杉精油的作用，既补当下的生命之气，又补长久的生命之气。因此，这三种精油都可以用来抗衰老，而且它们都是从增强整体的生命之气这个角度来抗衰老，因为气足了，生命就会旺盛。

丝柏精油也是一种很好的抗衰老精油，它能给人一种漫长的时间感。丝柏本身就是一种非常古老的植物，能给人时间永恒的感觉。通常墓地里

会种很多丝柏，寓意就是虽然你已故去，但是在我们的心里，你仍像丝柏树一样长青。

从芳香分子上看，丝柏精油含有一个双醇。这个双醇还有类雌激素的作用，雌激素下降会令女性容易衰老，因此丝柏精油也有补强类雌激素的作用。

可以延缓身体机能衰老的芳香分子和精油

可以延缓身体机能衰老的精油主要有肉豆蔻精油、檀香精油和雪松精油。

肉豆蔻精油属于醚类精油，它含有一种特殊的芳香分子——肉豆蔻醚。肉豆蔻醚可以抗氧化和抗自由基，能从生理层面延缓机体衰老，因为自由基是造成身体衰老的一个重要因素。

檀香精油含有檀香醇。檀香醇是一种倍半萜醇，其力量是强肾。肾脏中有密集的血管和黏膜，倍半萜醇可以帮助血管和黏膜消炎、抗菌。

雪松精油也含有一种倍半萜酮——大西洋酮。大西洋酮的关键词是化解，可以化解人的心理负担和身体负担，让人身心都能轻装前进，这样就不容易衰老。

人的衰老不仅表现在皮肤的松弛上，更表现在身体机能的衰退上，但归根结底是身体气不足导致，皮肤不过是身体的“传信兵”。如果想让自己看起来更年轻，就要内外兼养，在皮肤层面用金合欢醇和香茅醇，直接提升皮肤的健康度；在身体内部提升身体的气，延缓身体的器官和整个身体衰老的过程，让生命力持续焕发。

祛斑抗皱，还皮肤本来光彩

人的皮肤分为表皮层、真皮层，真皮层下面是毛细血管。很多皮肤问题的根源都在真皮层，但是表皮层是人体防御的屏障，大多数人工分子都很难穿透表皮层，而精油在这方面就有着独特的作用。

能穿越表皮层的分子的分子量必须小于500单位，而芳香分子的分子量很少有超过200单位的，因此它们可以轻而易举地穿越表皮层，透皮入血。这是精油护肤远远优于其他人工分子护肤的一大特点。

用精油护肤需要有耐心，因为真皮层变健康之后，经由新陈代谢变成表皮层脱落，需要40多天时间。但也有例外，比如胶原蛋白丧失会使皮肤变皱。当精油改善真皮层的时候，皮肤的弹性会增加，这种皮肤弹性的增加就不需要真皮层蜕变成表皮层之后才能看到，收效会比较快。

平衡

说到平衡，我想到的第一种精油就是天竺葵精油，不管是波旁天竺葵精油还是玫瑰天竺葵精油，都有美丽、平衡、和谐的力量，而且这些力量贯穿人的身心灵，在这三个层面都有疗愈效果。

在心灵方面，天竺葵的魔法特质是纯洁的，它可以帮你召唤纯洁的爱。在情绪方面，当你闻到天竺葵精油的时候，你的情绪会被安抚，不管你是沮丧还是暴怒，天竺葵都可以帮你恢复平衡状态。对于身体也是如此，天竺葵精油可以平衡人的内分泌，不管你是过亢还是过衰，天竺葵精油都可以帮你恢复平衡状态。在皮肤方面，天竺葵精油可以帮助你平衡油水。这也充分体现了精油对人的疗效是身心灵一体的。

人的皮肤是人体状况的传信兵，人的身体什么样，皮肤就表现出什么样。人的身体需要什么帮助，皮肤就表达出某种情况，让你知道身体需要帮助。比如皮肤的油水不平衡，可能是因为你身体的内分泌不平衡或是你的情绪不平衡，而天竺葵精油不但可以解决皮肤问题，还可以把身心灵一起调整，让身体内外平衡，由内而外地达到健康状态。这也是最根本的护肤之道。

保水

精油是油，没法补水（纯露是水相的，可以补水），只可以保水。

天竺葵精油能平衡，是因为它含有一种叫做香茅醇的芳香分子。香茅醇除了可以平衡，还可以提升皮肤细胞的含水率。其原理是让细胞能够吸收更多的水，同时保住这些水，这样皮肤就会显得水盈盈的。

基础油荷荷巴油也能帮助皮肤保水。普通基础油不太保水，是因为它们太容易被皮肤吸收了，但荷荷巴油是一种植物蜡。荷荷巴在干旱的环境中生长，它的叶子表面会有一层薄薄的蜡，这层蜡既可以让叶子保持呼吸，又可以使水分不会过多地散失。而这个蜡质就是荷荷巴油的主要成分。

我们在调配皮肤保水油时，可以用天竺葵精油作为主成分，若是涂在脸上，可以选1%的浓度或者更低一些的浓度；涂在身上时，可以用2% ~ 3%的浓度。基础油里可以加50%的荷荷巴油。

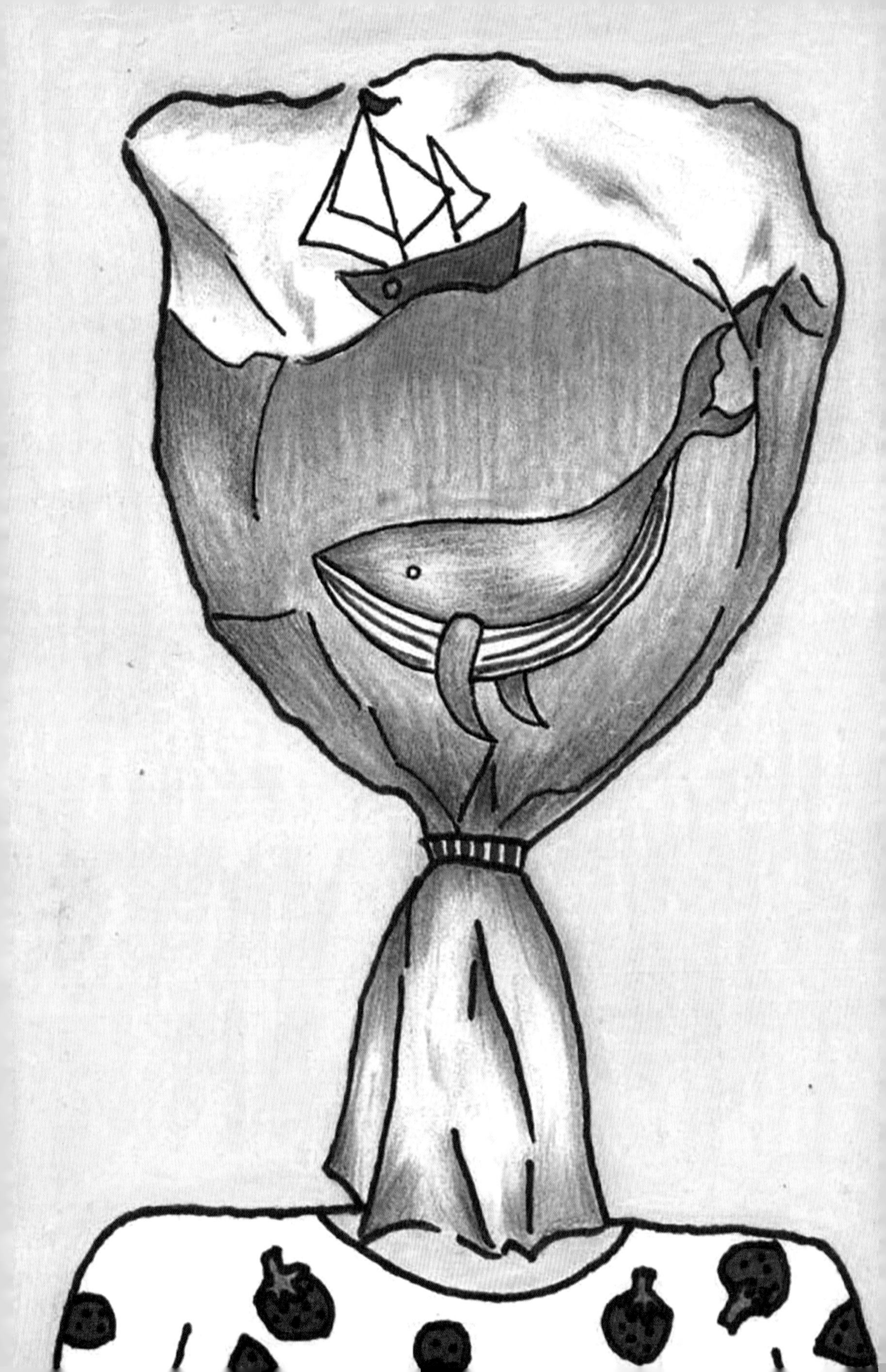

抗皱

芳香分子中有抗皱作用的主要是金合欢醇。金合欢醇是一种倍半萜醇，它在表达倍半萜醇调节免疫方向上的特殊作用是调节油水平衡。

含有金合欢醇的精油有玫瑰精油、柠檬精油、罗马洋甘菊精油、依兰精油和晚香玉精油。

如果觉得玫瑰精油和晚香玉精油都比较贵，可以使用依兰精油，它的金合欢醇含量比较高，多涂一点也没有那么刺激，并且还有怡人的花香味。

如果要配抗皱面霜，则可以用依兰精油作为主成分，加点罗马洋甘菊精油、柠檬草精油和玫瑰精油，总浓度在1%以下就足以达到面部抗皱的效果。

提升肌肤弹性，抗皱

精油只能保水，不能补水

祛斑褪黄

如果想保养皮肤，祛斑褪黄，那就绝不能只在脸上下功夫。脸上发黄长斑，反映的是体内代谢问题，往往是肝脏不好，毒素代谢不出去。因此，促进肝脏排毒才是根本。

含有呋喃内酯的精油，如圆叶当归精油、芹菜精油、莳萝精油、当归精油和藏茴香精油，都有很好的促肝排毒作用，可以将其涂在肝脏对应的体表部位。当然也可以涂抹在面部的黄斑上，只是浓度要比涂抹身体所用的更低，要在1%以下。

◀祛斑褪黄，如同换脸

缓解压力，重启轻松生活

压力影响生理系统运作

压力会影响我们人体系统的运作。比如武松打虎的时候，一定是面临着巨大的压力，此时他的肾上腺素被强烈地激发了。他的大脑需要转得更快来想办法应对这种压力，他的五感也被激发了，需要分分秒秒地感知老虎的爪子到底是要拍向哪个方向，他的耳朵甚至能听到老虎尾巴扫过的风声。这个时候，即使周围有再大的诱惑，他也不会有任何反应，因为人在重大压力之下，很多生理系统是被抑制的。他的免疫系统此时也被抑制了，如果这个时候身体有病菌感染，身体是不会启动免疫系统去攻击病菌的，因为身体知道，逃过眼前面临的老虎的危险才最重要。

现代社会已经很少有那种面对老虎、危及性命的直接压力，但是一些长久的消磨人生命的小压力却无时无处不在。比如老板骂你、同事不喜欢你、房租付不上等都是压力，面对这些压力的时候，我们身体的反应其实和当时武松打虎时候的身体反应是差不多的。比如，压力积累较多的时候，我们的免疫系统也会被抑制，因此容易生病。

面临老虎的压力，武松当然再困也睡不着了；当我们面对压力的时候，晚上也容易失眠。因为在压力之下，身体会启动一种“我必须保持精神”的力量，所以在面临压力的状况下，我们的休息是很难得到保障的。

有压力的时候，身体的内分泌也会被抑制。武松打虎的时候，身体会认为现在调节内分泌让我更强壮、让我更健康已经来不及了，我要把我身体全部的力量用在肌肉上。同样，现代人在压力之下，皮肤往往很差，本质上也是因为内分泌失调。

上面说到的这些状况，都是我们现代人的身体在面对压力的时候所产生的结果。在消磨人的长期压力之下，那些重要的生理系统被抑制了，我们的身体会变得越来越差。

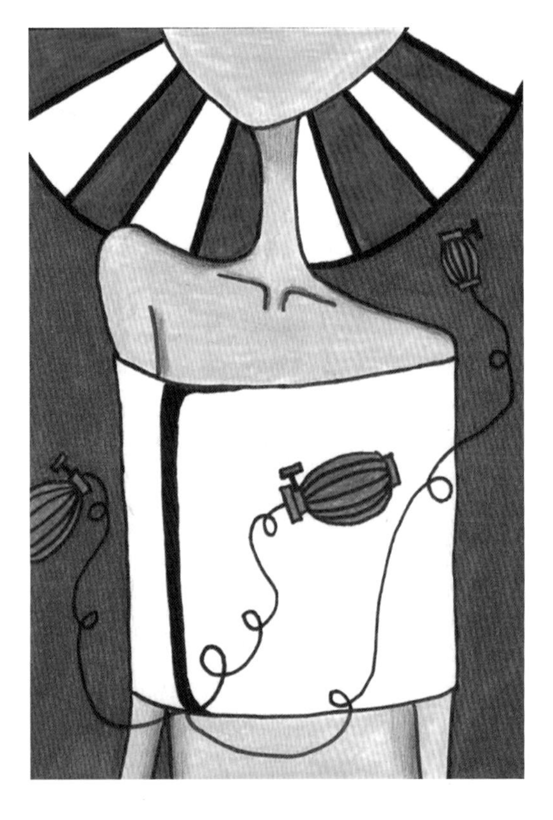

◀压力控制思想

精油影响脑内分泌

精油能直接影响脑内分泌。当人闻到精油的时候，鼻腔内的嗅神经会把相应的信号传达给大脑，进而影响脑内分泌。比如，我们吃巧克力会觉得幸福。我们闻某些精油，如香草精油、印蒿精油、秘鲁香脂精油时，也会觉得幸福。就是这些物质散发的分子让我们的脑内分泌出了多巴胺等一系列让人觉得幸福的物质。

使这一切发生作用的关键是垂体。垂体是人所有腺体的“总司令”，当精油影响脑内分泌的时候，就可以影响到垂体，然后垂体会对身体各腺体下达相应的指令。

精油控制情绪

比如虽然面对压力，但是我们自己的理智知道我们眼前并没有老虎那样巨大的威胁，因此内分泌系统、免疫系统可以照常运行，这个时候我们就可以闻一闻精油，把这个信息传递给脑垂体，而脑垂体就可以下达指令，告诉身体：没有太大的威胁，你们都放松下来，照顾免疫系统，照顾内分泌系统吧！

精油影响脑内分泌系统，可以让人快乐。人75%以上的情绪不是来自他看到了什么，而是来自他闻到了什么。因为你看到什么，只是通过你的思想去影响你的大脑，但是如果你闻到了什么，它就会生理性地直接改变你的脑内分泌，进而影响你的情绪。情绪之所以很难控制或调整，就是因为我们平时无法触及脑垂体这个总司令，无法改变它的分泌，而使用精油，我们就可以控制这个总司令，让它发出你想要的指令。

缓解压力的精油

几乎每一种精油都可以缓解压力，其中作用比较突出的是酯类精油，因为酯类有安抚作用。

代表性的酯类精油有薰衣草精油、苦橙叶精油、橘叶精油等。

说到薰衣草精油，人人都知道它是可以助眠的，但其实它并不是助眠作用最强的精油，因为它所含的酯还不是很强大。比它更强大的酯存在于橘叶精油和苦橙叶精油中，叫邻氨基苯甲酸甲酯。这种酯是所有酯类中安抚力最强的。我每次闻橘叶精油和苦橙叶精油的时候，都会觉得身体的每一个细胞好像都沉静下来了，这是一种实实在在的生理上的变化，而不是通过精神暗示来使身体产生变化。

橘叶精油中所含的邻氨基苯甲酸甲酯比苦橙叶精油中的还要高，我们在睡不着觉或压力大的时候，可以用橘叶精油配一点苦橙叶精油，安抚情绪、化解压力，其效果还是很明显的。

另外还有一类化学分子也可以安抚情绪、消除压力，那就是醚。醚的安抚和酯的安抚不太一样，酯类的安抚是让人情绪安定，但思想是清晰的。比如我们在学习的时候，闻薰衣草精油、苦橙叶精油或橘叶精油，不会使我们犯困，只会使我们繁杂的思绪被安抚下来，让我们的思路更明晰、更专注。但是醚类分子不是这样的，它会让你的思想迷醉，因此当用酯类精油还是不能入眠的时候，就可以试着往里面加一点醚类精油。

醚类精油带给人的迷醉感有点像喝酒时微醺的感觉，这时人的意识仍然是清醒的，但却是醉的，是快乐的，看着周围的一切都觉得是美好的。

木质类精油也有不错的缓解压力的作用，如欧洲赤松精油、欧洲冷杉精油、丝柏精油、杜松精油、雪松精油等。它们缓解压力的方式是能够支撑你，让你觉得自己很强大，觉得压力其实并没有那么大。

用上面三类精油缓解压力时，最好的方式并不是稀释之后涂抹皮肤，而是香熏。当你闻到这些芳香分子之后，不管你的压力有多大，你的脑垂体都会告诉你的身体：这个压力并不重要，然后你的身体就会放松下来。这绝不是改变自己思想带来的结果，它是直接改变你的身体状况、改变脑内分泌带来的结果，因此非常有效。这也是使用精油处理情绪和压力问题的神奇之处。

专题2：精油配方的浓度

当我们选好了几种合适的精油之后，如何按照正确的比例配制是很关键的。因为即使是相同的配方，配比浓度不同，其功效也会大不相同，甚至相反。

首先要考虑人的接受度

浓度的标准并不以精油的价格来定，不是说某种精油贵，就要少用点，人的接受度才是精油浓度的首要标准。在人的可接受范围内，加入最有效的精油，是配比时最大的挑战。比如一个人的皮肤只能接受3%的浓度，那就没有办法把所有你觉得跟症状相关的精油都加进去，而且加的精油种数越多，就越会稀释那个最有针对性、最关键的精油，降低整体效果。

如果一款杀菌消炎精油加了茶树、马郁兰、沉香醇百里香、丁香、肉桂等十种精油，每一种都加了0.3%，总浓度是3%，但是其中最能杀菌消炎的丁香精油和肉桂精油的总浓度只有0.6%。那还不如把丁香精油和肉桂精油各加到1%，然后其他有辅助功效的精油组成剩下的1%。这样的配方效果会好很多。

浓度配比精准，效果更佳

除了皮肤的耐受度，我们也要考虑身体的代谢能力，因为精油最终还是要通过肝和肾来代谢的，过高的浓度会加重肝肾负担，甚至损害肝肾，造成长久的不良影响。

调理类精油的浓度在 3% ~ 5% 就够了

调理类精油的浓度通常在 3% ~ 5% 。比如调理肠胃的精油涂抹后 30 分钟就会见效，调理肝脏的精油两天内也会见效，但它们的浓度都不宜超过 5%。

如果觉得 3% ~ 5% 的浓度太低而想通过提高浓度来增强效果，恐怕是难以实现的。因为如果这个浓度都没有效果，那就说明并不是浓度过低，而是精油选得不合适。这也是很多人开始配制精油时常犯的一个错误。比如想配一款让呼吸更顺畅的精油，开始是 3% 的浓度，涂了不管用，那就增加到 5%，还是不管用，再增加到 10%，如果仍然不管用，那就说明精油选得有问题，而不是浓度问题。而且，精油调理的作用不是需要坚持用几个月才能感觉到身体缓慢变化，而是在一两天甚至 1 个小时内就能见到一定效果。

为什么说 5% 的浓度是上限呢？这需要考虑到肝肾的负担，如果长期使用高浓度的精油，肝肾代谢负担一定很重。而涂抹脸部所用的精油浓度通常需要在 1% 或以下。

应对急症的精油浓度

当人有急症的时候，比如胃特别痛，或者发热、重感冒，或是脚崴了等，不需要长期用精油，通常不超过一周，这时候的浓度就可以因人而异，甚至用到 50% 都可以。浓度听起来好像会对皮肤、肝肾很不好，但是急症有急症的应对方法，需要灵活应对，而且这种浓度最多也就是用几天，只要自己感觉能耐受，就不会对身体造成太大的影响。

我有一次发热非常难受，就用了纯肉桂精油和丁香精油涂在脊柱上，皮肤火辣辣地痛，持续了 5 分钟左右，皮肤就像被烧了一样。但是过了一会儿就不痛了，身体的发热症状很快就好了。

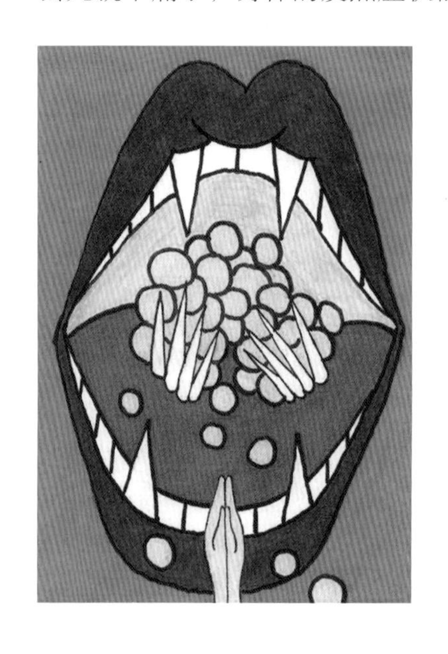

◀ 应对急症需灵活把握精油浓度

具体浓度还是要针对具体情况，如果没有那么急，可以把浓度降低到10%，这属于安全范围。浓度10%的精油可以多次涂抹，比如每隔20分钟涂一次，或者每隔1小时涂一次，这样身体吸收的精油量和用更高浓度是一样的。

有些精油浓度决定功效方向

有些精油浓度会决定功效方向，比较明显的是醛类精油和酯类精油。

在蛋形图上的15种化学成分中，醛是最让人琢磨不定的，它在各个方向上似乎都有作用，并且有双向调节作用，比如可以振奋或安抚神经系统，也可以振奋或安抚免疫力。那么，它到底什么时候振奋、什么时候安抚呢？这就取决于它的浓度：浓度高的时候振奋，浓度低的时候安抚。

这里需要注意一个问题，就是浓度高低不是一个固定的数值，需要看使用者的体重，使用同样浓度的精油，体重较低的人可能已经振奋了，而对体重较高的人可能还没什么作用。总的来说，这个所谓浓度其实是个比较模糊的区间，可以是1%～3%。我们不去判断它对于个案来讲是高浓度还是低浓度，当我们想用醛的安抚力量时就用浓度在1%以下的，想用醛的振奋力量时就用浓度在3%以上的。

含有醛的精油有香蜂草精油、柠檬马鞭草精油、姜精油、柠檬草精油等，它们基本都含柠檬醛。

香蜂草精油在抗过敏方面特别有效。如果有湿疹、过敏，用洋甘菊精油都解决不了，可以试一点香蜂草精油，湿疹通常都会一扫而光。但一定要使用低浓度的香蜂草精油。我曾经把香蜂草精油的浓度调到0.1%，发现它抗过敏的效果比罗马洋甘菊精油还要好。

柠檬草精油有一个力量是使肌肉更有劲，这个需用浓度在3%以上，如果浓度在1%以下，它会安抚肌肉，让肌肉更放松。基本上，醛类精油不同的浓度变化都会呈现出这种截然不同的效果。

酯的双向特性和醛很相似。我们知道酯类精油有安抚作用，但是如果浓度太高或使用频次太高时，反而有振奋作用，会使心脏跳动加快。醛类也一样，我第一次用精油的时候，只有柠檬草精油，但不知道怎么使用，就滴了10滴在枕头上，结果午睡时怎么也睡不着，而且心跳越来越快，弄得我惊慌失措。

特殊人群能接受的精油浓度

上面说的3%～5%的精油浓度只是针对一般人群，如果是小孩、老人和孕妇使用，精油浓度还需要再做调整。

小孩能接受的精油浓度

一般来说，18个月内的宝宝不要用精油，哪怕是0.01%的浓度都不行，18个月到3岁的宝宝可用0.1%的浓度，3岁以上孩子可用的精油浓度可逐渐增加。小孩越小时，其肝肾功能尚未发育完全，使用精油会加重肝肾负担。

但18个月以内的宝宝可以用纯露或基础油，也可以用浓度稀释到很低的浸泡油。比如皮肤过敏，可以用浓度为3%的圣约翰草油，因为圣约翰草油有镇静神经的作用，可以安抚过敏。小孩的常见问题一般都比较单一，用纯露和基础油，或者加一点浸泡油，通常都能解决。

18个月以上的孩子可以使用精油，若是急症，如高热不退，是打点滴还是吃消炎药，或使用精油，就需要两害相权取其轻了，需要家长结合医生意见综合来判断。

老人能接受的精油浓度

老人身体也是比较脆弱的，体内循环变慢，因此建议给老人用的精油浓度是正常浓度的1/2或1/3。比如普通人保养调理用浓度3%的精油，急症用浓度 10% 的精油，老人调养就用浓度 1% ~ 1.5% 的精油，急症用浓度 3.3% ~ 5% 的精油。

孕妇能接受的精油浓度

女人怀孕的时候身体会有变化，比如原来不容易过敏的人怀孕期间可能容易过敏，因此使用精油前需要先做敏感测试。如果没有过敏现象，使用浓度可以和普通人一样。

过敏时能接受的精油浓度

人过敏时能接受的精油浓度取决于过敏的程度。过敏其实就是身体的免疫系统把“好人”当“坏人”打了，看到什么都怕，使用精油时，皮肤会启动免疫系统去攻击它。因此，在用精油的时候种类要尽可能少，比如罗马洋甘菊精油加德国洋甘菊精油效果会很好，但对于过敏状态的皮肤来说，宁可只用罗马洋甘菊精油。

针对过敏情况，精油浓度也是越低越好。比如用罗马洋甘菊精油，浓度越高安抚力越强，但是浓度越高也越容易加重过敏症状，因此需要权衡，权衡点取决于过敏的程度。严重过敏就用浓度 0.05% 的罗马洋甘菊精油，不太严重则可以用浓度 0.3% 以内的精油。如果用浓度 0.05% 的罗马洋甘菊精油，皮肤仍然过度反应，那就完全不能用精油了，可以改用基础油加浸泡油。比如上面说到的小孩用的圣约翰草浸泡油，给成人用可以稀释到浓度 30% 以内，再搭配基础油如甜杏仁油或荷荷巴油，就很温和了。如果用这个还过敏，就只能用单一的基础油，如荷荷巴油、甜杏仁油，让皮肤冷静下来后再用基础油加浸泡油，然后逐渐加入低浓度的精油。

第3章

精油让心灵得到释放

精油的心灵功效

很多人知道精油好，用来护肤或是解决一些身体健康方面的问题都很有效，但其实身体方面的很多问题用别的方法也能解决，为什么我们要选择精油呢？一方面确实是因为它效果好，另一方面不得不说的就是它的心灵功效。这也是很多精油非常昂贵，却仍然大受欢迎的原因。

这里我们重点探讨几种有心灵功效的精油。

檀香精油

人们都说雪松精油是穷人版的檀香精油，因为它比檀香精油便宜很多，而功效差不多。从化学成分上来看，雪松精油有三大化学成分——倍半萜酮、倍半萜烯、倍半萜醇，而檀香精油没有倍半萜酮，只有倍半萜烯和倍半萜醇。

在心灵功效上，它们有什么不同呢？

倍半萜酮、倍半萜烯和倍半萜醇的力量分别是原谅自己、认识自己和爱自己。因此，雪松精油像走在觉醒路上的一个状态，因为仍然有原谅自己、释放自己过去的内疚，所以不要再负重前行，最后达到认识自己和爱自己

的状态。而檀香精油就像一个已经修炼到一定程度或是已经开悟的高僧一样，他不需要再做原谅自己这个功课，只剩下认识自己和爱自己了。他越来越清晰地认识自己，也越来越深沉地爱自己。

这个时候他的爱自己不是自私的，因为对于他来说，自己和万物是相连通的，他爱自己就是爱万物，爱万物就是爱自己。一个人只有能爱万物的时候，才能真正爱自己；当他真正爱自己的时候，才会真正爱万物。但是这个状态达成的基础是极致满足，一个没有真正认识自己的人不会有这种满足的状态。

正因为有了这种能量状态，所以很多注重心灵成长的人很喜欢用檀香精油。这也正是檀香精油虽然昂贵却不可替代的原因。

香蜂草精油

香蜂草精油也比较昂贵，尽管它的味道并不是人人都喜欢。有人说它有点像香茅精油（香茅精油非常便宜），因为它们的主要化学成分比较相似，都是醛。但是香蜂草比香茅纤细很多，正因为如此，它能表达那种更深处的精神内涵。

我们配制用在脸部的精油一般用1%或以下的浓度，配制用在身体其他部位的精油通常是3%或以上的浓度。而如果是给精微能量场配制精油，就要0.1%或以下的浓度。因为浓度太高，对于能量场来说就太燥了，起不到应有的效果。比如香蜂草精油，如果太浓，则它纤细的味道就到不了深处。

如果说香茅精油像一把大砍刀，那么香蜂草精油就像一把纤细锋利的小刀，它可以顺着你的情绪、顺着你的思维、顺着你过往的一切，把你内心那些纠结的疙瘩梳理开，让它们不再对现在的你有任何阻碍。因此，在闻了香蜂草精油之后，你可能不觉得自己的情绪有什么变化，但是好像更安然了一些。

梳理过往，解开心结，走向美好

越久远的问题，对我们的影响越大，只是我们平时很难察觉到。香蜂草精油解决的就是我们在过往不知什么原因造成的那种情绪问题，就像用锋利的小刀去割破过往的心结。这就是香蜂草精油的不可替代之处。

玫瑰精油

玫瑰的不可替代之处，是它的花香中蕴含着一种独特的频率——宇宙间无条件的爱的频率。

什么是无条件的爱呢？像檀香那种认识自己、极度满足之后，达到爱自己、爱万物，认识万物都是平等的状态，这就是无条件的爱。玫瑰就有着这种无条件的爱的频率。我们在闻玫瑰精油的时候，它能帮助我们体会到这种无条件的爱的状态。

把檀香精油和玫瑰精油放在一起闻效果非常好，因为檀香是开悟的状态，玫瑰是开悟了，具备了这种无条件的爱之后，去表述这种爱的状态。这种状态就好像是在檀香那种爱自己、爱万物的意识基础上绽放出来的一朵无条件的爱之花。

橙花精油

橙花是苦橙树的花，闻起来有一种沁人心脾的感觉。橙花精油有自己独特的振荡频率，其气味让人难以拒绝。

有的精油你觉得很好闻，别人觉得不好闻；有的精油别人觉得很好闻，你觉得不好闻。橙花精油是一种基本上人人都会觉得很好闻的精油，它的能量就好像人突然摆脱了世间的沉重，而在云中轻盈地漫步和欢笑一样。

因此，如果一个人患有抑郁症，或者他的情绪很低落，用其他各种精油都不管用的时候，就可以用橙花精油。一位芳疗大师曾给一个患自闭症的孩子闻别的精油，孩子都没反应，不理她，当她给孩子闻橙花精油的时候，孩子终于开始和她说话了，说的第一句话就是，我很喜欢这个味道。

橙花精油的一个不可替代之处在于它有一种往上拽情绪的轻盈的力量、欢笑的力量。它的另一个不可替代之处就是当一个配方中加入了一点橙花精油，这个配方精油中的芳香分子就好像被加入了一种更高的振荡频率，这些芳香分子虽然在 24 小时内就会被人体代谢，但这个配方的振荡频率会在人体内停留一周之久，充分发挥疗愈身心的作用。

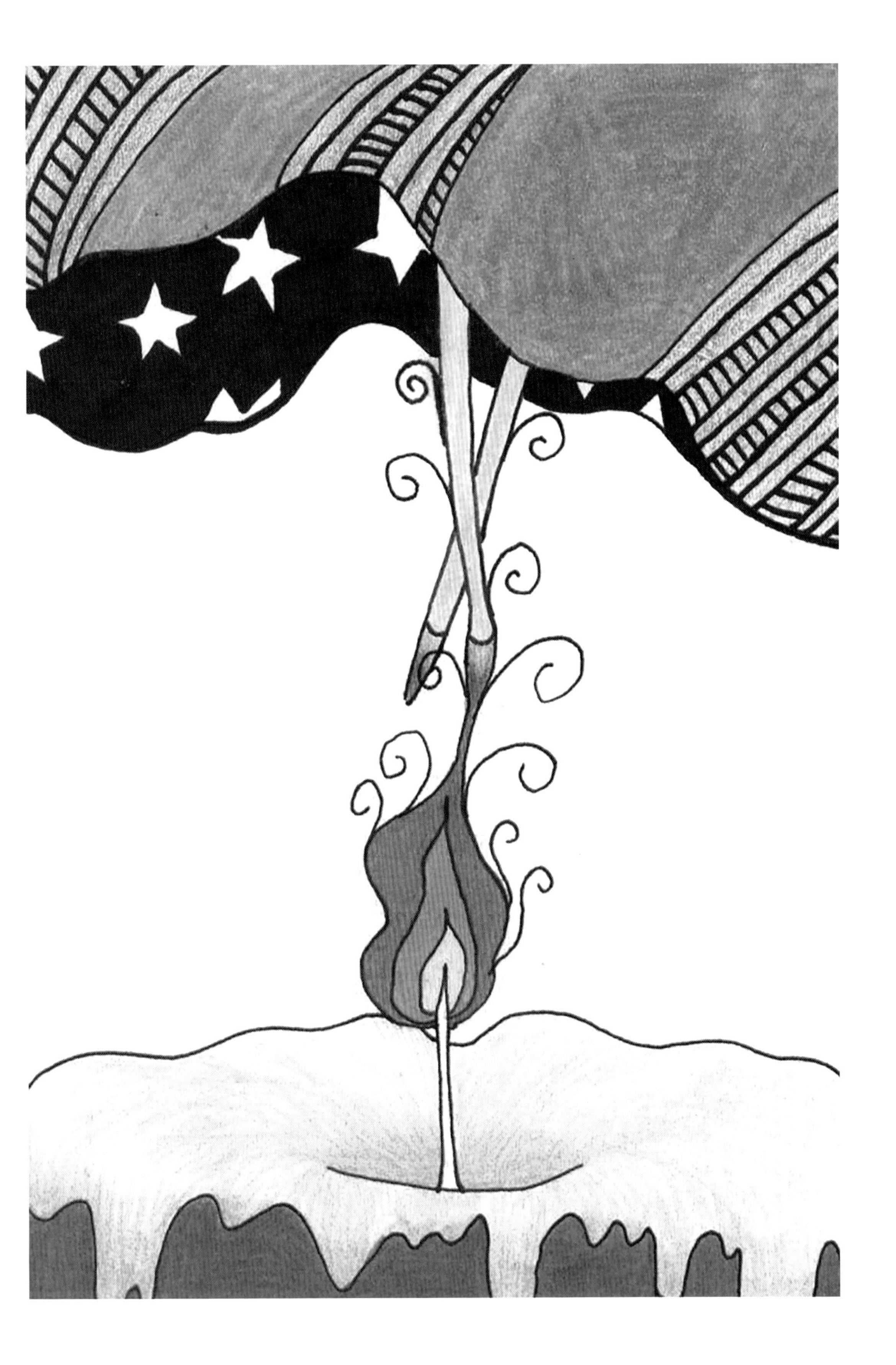

专题3：香熏如何选精油

香熏就是用香味熏自己，所以并不是只有用扩香机扩出来的这种方式叫香熏，所有你能闻到香味的方式都可以叫香熏。比如你把精油滴在一张纸巾上，然后把纸巾揣在衬衫兜里，你能闻到香味，这个也叫香熏。或者你直接把精油滴在衣领上、袖口上，或是洒在窗帘上，这些方式都是香熏。甚至你滴在灯泡上、暖气上，滴在绑在空调上的布条上，这都算香熏。

精油被身体吸收有两种途径：一是涂抹皮肤，透皮入血；二是香熏。你闻到精油的时候，并不只是这个气味使你的精神愉悦，而是你在闻它的时候，你鼻子中的嗅神经接受到芳香分子之后，会把信号传入大脑，进而改变脑内分泌，这样你全身的腺体分泌都会被改变。因为脑垂体是掌管全身所有腺体的“总司令”，它想让哪个腺体开始起作用，它就会分泌激素，传达给那个腺体。

因此，香熏能改变人的情绪状态，甚至改变人的生理状态，并不是通过你闻到气味时的心情，而是通过生理反应来实现的。

香熏也是相对安全的一种疗愈方式，通常来说，3 岁以内的儿童尽量不要直接涂抹精油，但是香熏是没有问题的。

香熏所用的精油完全可以根据你的爱好来选择，但如果你想让香熏有一定的功效，那就需要有一些依据。

下面几种芳香分子是很适合用来香熏的。

沉香醇

沉香醇是单萜醇的一种，属于三级醇，其关键词是小天使。它在表达补肾暖身方向上的力量是可以降低肾上腺素的分泌，解决压力问题。压力大的时候，闻或涂沉香醇类精油都可以让你放松下来。它在调节免疫力方向上的特殊表现是抗焦虑，这和降低肾上腺素、解决压力问题其实是同一个方向。

沉香醇还有一个特殊的香熏功效是除臭。沉香醇本身并不好闻，但用

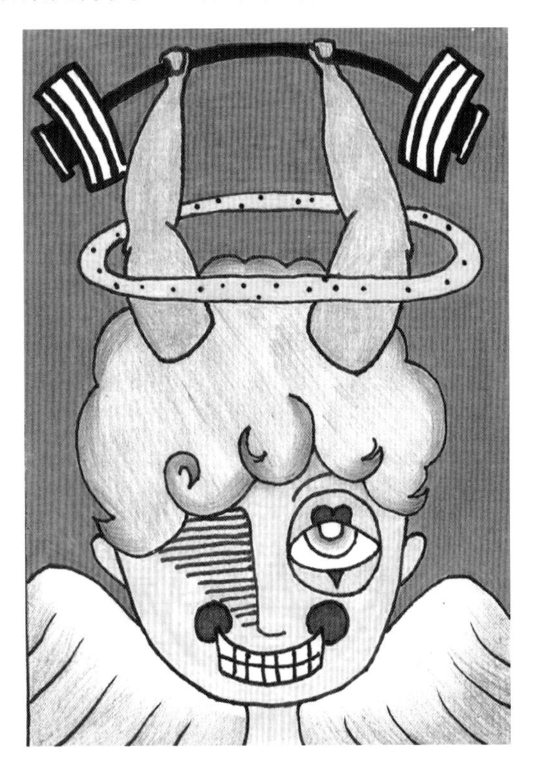

焦虑、压力迎刃而解，温暖寸步不离

它除臭却非常有效。将其涂在皮肤上可以除身体的臭，香熏可以除空气中的臭及霉味。洗手间的下水道往上冒臭味时，也可以用滴沉香醇精油的方式来除臭。

含有沉香醇的精油有芳樟精油、花梨木精油、橙花精油、芫荽精油、沉香醇百里香精油。

作为单萜醇的一种，沉香醇本身就有杀菌、杀病毒的能力，再加上它可以抗焦虑，可以除空间中的臭，所以即使它没有那么好闻，也是香熏时一个比较好的选择。

沉香醇氧化物

沉香醇氧化物是氧化物的一种。它在表达氧化物抗感染方向上的力量是抗病毒，尤其是抗呼吸道病毒；在表达促循环方向上的力量是可以净化空气；在表达利脑方向上的力量是可以活跃神经，令人愉悦。

氧化物都有祛痰、消除黏液的力量，沉香醇氧化物当然也具备这种力量，因此沉香醇氧化物也是一类很好的抗呼吸道病毒、祛痰、消除黏液的分子。用它来香熏，还能净化空气，令人愉悦。

含有沉香醇氧化物的精油有沉香醇百里香精油、芳樟精油、高地牛膝草精油、穗花薰衣草精油和樟树精油。

沉香醇百里香精油和芳樟精油既含有沉香醇，又含有沉香醇氧化物，而且这两类芳香分子可以互长互助，协同作用。

二者不同的是：芳樟精油主要含有左旋沉香醇，左旋沉香醇的精神功效会更强一些，因此芳樟精油抗焦虑、令人愉悦的力量会更大一些；而沉

香醇百里香精油既含有左旋沉香醇，又含有右旋沉香醇，因此它在抗焦虑方向上没有芳樟精油那么强，但是它在杀菌消炎、杀病毒方向上比芳樟精油要强，因为右旋沉香醇的力量主要在杀病菌、病毒方面，而左旋沉香醇的力量主要在精神方面。

氧化物的能量是风，氧化物类都挺适合香熏，比如1,8－桉油醇类可以促进呼吸道纤毛的摆动和抗呼吸道感染，用来香熏对呼吸是很有益处的，而且它在表达氧化物类利脑方向上的力量是所有氧化物中最厉害的。含有1,8－桉油醇的精油有蓝胶尤加利精油、白千层精油、桉油醇迷迭香精油和香桃木精油。

玫瑰氧化物

玫瑰氧化物的一个特殊功效是可以抗头痛。它在氧化物利脑方向上的特殊表达是抗沮丧，其关键词是开心。当你因难过而头痛或因头痛而难过的时候，就可以熏玫瑰氧化物类精油。头非常痛的时候，你也可以把玫瑰氧化物类精油涂在太阳穴处来缓解。

含有玫瑰氧化物的精油有玫瑰天竺葵精油和玫瑰精油。

萜品烯－4－醇

萜品烯－4－醇和沉香醇一样，也是一种单萜醇。单萜醇分为一级单萜醇、二级单萜醇和三级单萜醇，萜品烯－4－醇是三级醇。三级醇多才多艺又很温和，因此非常适合香熏，对呼吸道也没有刺激。单萜醇还可以双向调节免疫力，既能激发又能安抚。

因为是三级醇，所以萜品烯－4－醇既可以对抗真菌，又可以对抗病毒。用它来香熏的时候，对空间环境有很好的杀菌消毒作用，吸入的时候也能杀灭呼吸道里的细菌和病毒。

常见的含有萜品烯－4－醇的精油有茶树精油和马郁兰精油。二者在精神方面的力量都是可以增强勇气，但是增强勇气的方向不一样。茶树精油是增强人在面对外在世界时的勇气，而马郁兰精油是增强人在面对内在世界时的勇气。

面对外在世界的勇气和面对内在世界的勇气是什么意思呢？比如一个人说话很急，总是反应过快，急于证明自己，这其实表明他自己内心是没有勇气、没有信心的；而一个对自己非常有信心的人，他不在意说话慢一些，反应慢一些，因为他可以承担起这种慢，这种慢其实是一种奢侈。因此，香熏含有萜品烯－4－醇的精油可以提升这种对外在和对内在的信心。

给人激励和安抚的精油

给人激励的精油主要是氧化物类精油，如蓝胶尤加利精油有风的力量，迷迭香精油能带来勇气。

氧化物的激励在于它像风一样流动，风和人的理智是有关系的，氧化物类精油可以给人思维上的激励。当我们感觉头脑迟钝的时候，可以用氧化物类的精油进行香熏。

安抚类的精油主要是酯类精油。当我们觉得太紧张、心跳加速的时候，就可以香熏酯类精油，比如薰衣草精油、罗马洋甘菊精油，它们会使我们慢下来，但此时人的精神仍是清晰的，只是心情变得平和安静。

我曾将薰衣草精油、天竺葵精油和罗马洋甘菊精油混在一起香熏，当时阳光斑驳地洒进来，整个空间好像都变缓了，有一种山中无日月的感觉，好像外在的所有压力和纷扰都不存在了。这就是香熏酯类精油给我安抚之后，我所能体会到的一种意境。

带给人愉悦和高远的精油

令人愉悦的精油主要是单萜烯类精油，如甜橙精油。

甜橙的愉悦是一种充满智慧的愉悦。欢乐、智慧和活泼这三个词往往难以共存，一个小孩会很欢乐、很活泼，一个老人会很智慧，但往往又会很沉静。甜橙能让这三种特质同时散发出来，它就像是一个老小孩、一个欢乐的老人。

甜橙是果实，果实是经历春、夏、秋三个季节之后结出来的植物的能量精华。它不像新的枝条那样充满生命力，奋发生长，开拓自己的天空；它不像花儿那样有种青春般的欢乐，也不像叶子那样能自由地交流。作为一个果实，它好像是一位活过大半生的智慧老人，同时具备欢乐、智慧和活泼这三种特质。它就像是一位老人在阳光下露出微笑，如果老人和小孩一起玩，老人会玩得像小孩一样开心。

给人高远力量的植物非欧洲冷杉莫属。仅从名字，我们就能想象出这种植物的生长环境：在高原上，地面可能覆盖着雪，那里有一大片素净的冷杉林，环境空旷而森然。

环境对人的心理有很大的影响。我们在电梯这种狭小的空间中时常常会觉得憋闷，或者家里很小，长时间待着时也会觉得这样的小空间有些难受，而你想要更大的精神上的空间，这时候就可以香熏欧洲冷杉精油，它会给你一种高远的感觉，给你一种空间感。因为冷杉生长在无限广阔的空间中，聚集了那种空间的力量，通过香熏，它会把高原上那种广阔感，那种稀薄、高远、太阳冷冷而高高的空间力量带到你的身边。

香熏的禁忌

香熏主要有两个禁忌：

一是单萜烯类精油香熏浓度不宜太高，滴五六滴就可以了。当空气中的单萜烯类芳香分子过多的时候，容易被空气氧化而形成悬浮的颗粒，老人、小孩吸入后对呼吸道会有刺激性。

二是单萜酮类精油不能香熏太久。单萜酮类精油有利脑作用，凡是可以利脑的精油，当剂量过大时都会有一定的神经毒性，只有剂量小时才能较好地发挥其利脑作用。